よくわかる
食品加工学

―理論・実習・実験―

谷口亜樹子 編著

朝倉書店

―――――――― 書籍の無断コピーは禁じられています ――――――――

　本書の無断複写（コピー）は著作権法上での例外を除き禁じられています。本書のコピーやスキャン画像、撮影画像などの複製物を第三者に譲渡したり、本書の一部を SNS 等インターネットにアップロードする行為も同様に著作権法上での例外を除き禁じられています。

　著作権を侵害した場合、民事上の損害賠償責任等を負う場合があります。また、悪質な著作権侵害行為については、著作権法の規定により 10 年以下の懲役もしくは 1,000 万円以下の罰金、またはその両方が科されるなど、刑事責任を問われる場合があります。

　複写が必要な場合は、奥付に記載の JCOPY（出版者著作権管理機構）の許諾取得または SARTRAS（授業目的公衆送信補償金等管理協会）への申請を行ってください。なお、この場合も著作権者の利益を不当に害するような利用方法は許諾されません。

　とくに大学等における教科書・学術書の無断コピーの利用により、書籍の流通が阻害され、書籍そのものの出版が継続できなくなる事例が増えています。

　著作権法の趣旨をご理解の上、本書を適正に利用いただきますようお願いいたします。　　　　　　　　　　　　　　　［2025 年 1 月現在］

編　者

谷口亜樹子　東京農業大学教授

執筆者　(五十音順)

青山佐喜子　大阪夕陽丘学園短期大学名誉教授

　　食パン，メロンパン／きな粉／福神漬け／ピクルス／しょうがの漬物／マーマレード／こんぶの佃煮／ドレッシング／焼肉のたれ／ベイクドチーズケーキ／キャラメル／きな粉あめ／梅酒／ふりかけ／かんたん燻製／グルテンの定量

池田惠美子　前 大妻女子大学非常勤講師

　　製あん（あずきあん）／ようかん／ポテトチップス／トマトソース／にんじんジャム／簡単アイスクリーム／ところてん／米粉のケーキ／ビスケット／かりんとう／燻製

岩田　　建　鎌倉女子大学准教授

　　第3章／小麦粉生地の粘弾性試験／ミオグロビンの実験／pHによるクロロフィルの変化／アミノ酸パンケーキの実験／卵に関する実験

浦本　裕美　仁愛大学教授

　　いちごジャム／みかんのシラップ漬け／アイスクリーム

太田　利子　前 相模女子大学教授／NPO法人カビ相談センター

　　麹／うどん／中華めん／ピーナッツクリーム／トマトケチャップ／マヨネーズ／魚缶詰／あじの干物／みそ

熊倉　　慧　高崎健康福祉大学講師

　　第4章／なめたけ／乾しいたけ／クリームチーズ

鍬野　信子　前 郡山女子大学教授

　　第1章／第5章／食品の官能評価

高橋　朝歌　東都医療大学講師

　　りんごジャム／みりん風液体調味料／ウスターソース／グミキャンディー／でんぷん粒の観察／手洗いの基本

谷口亜樹子
　　　　バターロール，あんぱん，ソーセージぱん／生パスタ／冷凍いちごジャム
　　　　／しょうゆ／みたらしだんご／おからクッキー／おからシフォンケーキ／
　　　　簡単カップチーズケーキ／砂糖の菓子／米の品質検査／果物の品質評価／
　　　　りんごの酸化酵素による褐変／缶詰の品質検査／甘味料の甘味度／カゼイ
　　　　ンの実験／魚肉練り製品のでんぷん含量／実習・実験の心得／レポートの
　　　　まとめ方
津久井　学　関東学院大学准教授
　　　　ソーセージ／ベーコン／スモークチキン／ローストチキン／焼豚（チャー
　　　　シュー）／バター／カッテージチーズ／バニラアイスクリーム／発酵乳／
　　　　いかの塩辛
古庄　　律　東京農業大学教授
　　　　第2章
松岡　寛樹　高崎健康福祉大学教授
　　　　豆腐／納豆／こんにゃく／たくあん漬け／キムチ／かまぼこ／さつまあげ
　　　　／ノンアルコールビール
三星　沙織　愛国学園短期大学准教授
　　　　甘酒／ハムロール，アップルロール／トマトピューレー／レモンカード／
　　　　えび入りしんじょ椀／天草寒天／おからドーナッツ／ピーナッツタフィー
　　　　／利休まんじゅう（黒糖まんじゅう）

は じ め に

　食品は人間が生きていくために不可欠であり，その加工特性，機能を科学的に学ぶことは生活する上でも重要です。本書による食品加工実習，実験を通し，食品の正しい知識と扱い方を学び，豊かな食生活を実践する応用力を身につけてほしいと思います。食品の加工特性と機能を解明し，食品に対する興味をもち，学ぶことの楽しさ，おもしろさを知ってほしいという願いを込めて上梓しました。これからは，食品の特性を分子論的に解明することが望まれ，人々の健康で安全な食生活のために食品に関わる幅広い知識が必要とされます。本書から食品の加工特性と機能について多くの知識を得て，学ぶことの楽しさをぜひ体験してください。

　本書は，管理栄養士，栄養士および食品学を学ぶ学生を対象とし，授業で使いやすいテキストとなることを第一に考え，次の点に留意しました。

　1. 食品加工の原理が明確で，かつ操作手順がわかりやすく，誰でも理解して加工食品がつくれるような工夫をする。

　2. 原材料についての解説を入れ，その特徴が理解しやすく，日常生活においても食品素材と加工食品の理解ができるようにする。

　3. 食品加工学の基礎である理論を簡潔にまとめ，誰もが理解しやすい工夫をする。
本書の前身である『食品加工学と実習・実験』の初版は 2013 年に出版されました。「操作手順」がわかりやすく，「参考」に原料の説明や重要語句および用語，また「学習のポイント」が書かれており，理解しやすくレポートを書く上でも参考になると，学生から高い評価を得て，2016 年には「第 2 版」を刊行しました。

　短時間での授業内に食品加工の目的，原理をしっかり理解し，加工食品が簡単にできる工夫をしました。多くの学生が食品加工学と食品学実験・実習に興味をもち，この教科書が学習の役に立てば幸いです。

　2024 年 8 月

谷口亜樹子

目　次

第1部　理　　論

第1章　食品の加工法 ……………………………………… 2

第2章　食品の保存法 ……………………………………… 6
　① 食品の品質変化の原因 ………………………………… 6
　② 水分制御による保存 …………………………………… 6
　③ 浸透圧を利用した保存 ………………………………… 9
　④ 酸の作用による保存 …………………………………… 10
　⑤ 低温による保存 ………………………………………… 10
　⑥ 殺菌による保存 ………………………………………… 12
　⑦ ガス調節による保存 …………………………………… 16
　⑧ 燻煙による保存 ………………………………………… 16
　⑨ 食品添加物による保存 ………………………………… 17

第3章　食品の変質要因 …………………………………… 20
　① 食品の品質 ……………………………………………… 20
　② 微生物による変質 ……………………………………… 20
　③ 脂質の酸敗 ……………………………………………… 24
　④ 酵素による変質 ………………………………………… 25
　⑤ 酸素による変質 ………………………………………… 25
　⑥ 光による変質 …………………………………………… 26
　⑦ 食品の成分間反応 ……………………………………… 26
　⑧ 昆虫や小動物による被害，汚染 ……………………… 27

第4章　食品の包装 ………………………………………… 28
　① 包装の役割 ……………………………………………… 28
　② 包装素材 ………………………………………………… 29
　③ 食品包装技術 …………………………………………… 30

第5章　加工食品の規格基準と表示 ……………………… 32
　① 食品の表示と法律 ……………………………………… 32
　② 健康や栄養に関する表示 ……………………………… 38

第 2 部 実 習

1 穀類の加工
麹（製麹・塩麹）……………………………………………………………44

甘酒……………………………………………………………………………46

パン（バターロール，あんパン，ソーセージパン／食パン，メロンパン／
ハムロール，アップルロール）………………………………………47

うどん…………………………………………………………………………54

中華めん………………………………………………………………………55

生パスタ………………………………………………………………………56

2 豆類の加工
豆腐（木綿豆腐／絹ごし豆腐）……………………………………………58

納豆……………………………………………………………………………61

きな粉…………………………………………………………………………62

製あん（あずきあん）………………………………………………………63

ようかん（練りようかん／水ようかん）…………………………………64

ピーナッツクリーム…………………………………………………………66

3 いも類の加工
こんにゃく（粉からつくるこんにゃく／いもからつくるこんにゃく／
こんにゃくゼリー）……………………………………………67

ポテトチップス………………………………………………………………70

4 野菜，きのこの加工
トマト加工品（トマトソース／トマトピューレー／トマトケチャップ）……71

福神漬け………………………………………………………………………76

ピクルス（きゅうりのピクルス／簡単ピクルス）………………………77

しょうがの漬物（新しょうがの甘酢漬け／しょうがの砂糖漬け）………79

たくあん漬け…………………………………………………………………81

キムチ…………………………………………………………………………83

なめたけ………………………………………………………………………85

乾しいたけ……………………………………………………………………86

5 果実類の加工
ジャム（いちごジャム／りんごジャム／にんじんジャム／
冷凍いちごジャム）………………………………………………87

マーマレード…………………………………………………………………92

みかんのシラップ漬け………………………………………………………94

6 畜肉の加工

ソーセージ（簡単ウインナーソーセージ／ウインナーソーセージ） ………… *97*

ベーコン ……………………………………………………………………… *100*

スモークチキン ……………………………………………………………… *102*

ローストチキン ……………………………………………………………… *103*

焼豚（チャーシュー） ……………………………………………………… *104*

7 乳の加工

バター ………………………………………………………………………… *105*

チーズ（カッテージチーズ／クリームチーズ） ………………………… *107*

アイスクリーム（アイスクリーム／バニラアイスクリーム／

　　簡単アイスクリーム） ………………………………………………… *109*

発酵乳（ヨーグルト／酸乳飲料（非発酵乳・合成酸乳）／殺菌乳酸菌飲料） … *113*

8 卵の加工

マヨネーズ …………………………………………………………………… *116*

レモンカード ………………………………………………………………… *117*

9 水産物の加工

魚缶詰（さんまの味付け缶詰／さばの水煮） …………………………… *118*

魚肉練り製品（かまぼこ／さつまあげ／えび入りしんじょ椀） ……… *121*

あじの干物 …………………………………………………………………… *125*

こんぶの佃煮 ………………………………………………………………… *126*

ところてん …………………………………………………………………… *127*

天草寒天 ……………………………………………………………………… *128*

いかの塩辛 …………………………………………………………………… *129*

10 調味料

ドレッシング ………………………………………………………………… *131*

焼肉のたれ（甘口タイプの焼肉のたれ／辛口タイプの焼肉のたれ） ……… *132*

みそ …………………………………………………………………………… *133*

しょうゆ ……………………………………………………………………… *136*

みりん風液体調味料 ………………………………………………………… *138*

ウスターソース ……………………………………………………………… *140*

11 菓子類

みたらしだんご ……………………………………………………………… *142*

米粉のケーキ ………………………………………………………………… *143*

ビスケット …………………………………………………………………… *144*

かりんとう …………………………………………………………………… *145*

おからの加工品（おからクッキー／おからドーナッツ／おからシフォンケーキ） … *146*

iv　目　次

　　　チーズ入り菓子（ベイクドチーズケーキ／簡単カップチーズケーキ）………148

　　　砂糖の菓子（落花糖／ポップコーンおこし）…………150

　　　ピーナッツタフィー …………152

　　　キャラメル …………153

　　　グミキャンディー …………154

　　　きな粉あめ …………156

　　　利休まんじゅう（黒糖まんじゅう）…………157

12　アルコール飲料

　　　梅酒 …………158

　　　ノンアルコールビール …………159

13　その他実習

　　　ふりかけ（さけのフレーク／ひじきうめ）…………161

　　　燻製（かんたん燻製／燻製）…………163

第3部　実験その他

米の品質検査（搗精度の測定／もち米・うるち米の判定／米の鮮度判定）…………166

小麦粉の性質（グルテン量の定量／小麦粉生地の粘弾性試験）…………170

でんぷん粒の観察 …………174

果物の品質評価 …………176

りんごの酸化酵素による褐変 …………178

缶詰の品質検査 …………180

甘味料の甘味度 …………182

ミオグロビンの実験 …………185

pHによるクロロフィルの変化 …………187

アミノ酸パンケーキの実験 …………189

カゼインの実験 …………192

卵に関する実験（卵の新鮮度試験／卵の乳化性）…………194

魚肉練り製品のでんぷん含量 …………197

食品の官能評価（2点比較法／1：2点比較法／3点比較法／順位法／評価法
　　（採点法，尺度法）／プロファイル法）…………198

手洗いの基本 …………203

実習・実験の心得 …………205

レポートのまとめ方 …………207

索　引 …………209

第 1 部

理　　論

食品の加工法

1. 食品加工の目的について学ぶ。
2. 食品の加工法について3つあげ，簡単に説明する。

　「食品」の一般的な定義は，「ヒトの体に役立つ栄養素を含んでいて，調理加工することで食べ物になるもの」である。しかし，人間は感情の動物であるため「栄養」に加えて「嗜好性」としての機能をなくしては，人間としての豊かな食生活は送れない。さらに近年は，健康を意識した「生体調節」としての機能が食品に要求されるようになってきた。つまり，食品は1次機能の「栄養」，2次機能の「嗜好性」，3次機能の「生体調節」の3つの機能が備わってこそ，それぞれの食品として固有の価値がある。

　食品加工の目的の基本は，保存性や運搬性の向上のために，品質を保持しながら「安全性」を何よりも優先的に高めることはいうまでもない。これに加えて，食品を加工することにより「栄養」「嗜好性」「生体調節」が高められること，および，QOL（quality of life）の「快適性」が求められる（図1-1）。

　食品の加工法には，粉砕，切裁，分離，混合，加熱，抽出，濃縮，乾燥，高圧処理などの単位操作による物理的加工法，加水分解，還元，合成，剥皮，水素添加などの化学反応を伴う化学的加工法，カビ，酵母，細菌の生物的作用を利用した生物的加工

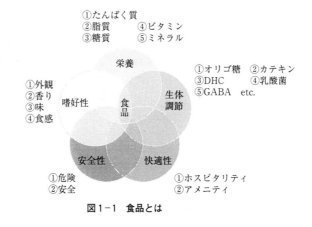

図1-1　食品とは

法がある。これらを必要に応じて組み合わせながら食品の加工操作を行う。以下に化学的加工法（表1-1），物理的加工法（表1-2），生物的加工法（表1-3）の例を表に示した。

表1-1　化学的加工法

操　作	方　法	食品例
剥　皮	果実の缶・ビン詰め製造時に薬品処理により剥皮を行う方法 ① 0.5〜1％塩酸溶液と0.1〜0.8％水酸化ナトリウム溶液で処理， ② 2〜4％水酸化ナトリウム溶液で処理	① みかんの剥皮，② ももの剥皮
水素添加 （硬化）	油脂の不飽和脂肪酸の二重結合に水素を添加して飽和結合にする方法	精製油に水素添加をしてトランス型脂肪酸に変える
エステル 交換	グリセリドの脂肪酸の配置を変える反応 ① 油脂と脂肪酸の反応（アシドリシス），② 油脂とアルコールの反応（アルコリシス），③ 油脂と油脂の反応（インターエステリフィケーション）	② 界面活性剤の製造，③ 製菓，製パン用のショートニング製造
加水分解	反応物と水が反応して，生成物に分解する反応 ① でんぷんをシュウ酸で加水分解，② 脱脂だいずのたんぱく質を塩酸で加水分解	① 水あめの製造，② 化学しょうゆの製造
沈　殿	溶液の微粒子を化学反応で集積，沈殿させて生成物を得る方法 ① 比重の違いによる沈殿，② 等電点を利用した沈殿，③ 凝固剤を添加した沈殿	① でんぷんの分離，② だいずたんぱく質，牛乳たんぱく質の調製，③ 豆腐の製造
ゲル化	食品の食感を改善する ① 寒天・ペクチン，② アルギン酸・植物種子から分離したローカストビーンガム・微生物産生のキサンタンガム，③ でんぷん，④ コラーゲンを熱変性したゼラチン	① ゲル化剤・増粘剤，② 増粘剤・安定剤，③ 増粘剤，④ ゲル化剤・増粘剤
乳　化	本来は混ざり合わない2つの液体（水と油）をエマルションにすること ① 水中油滴型（O／W：oil in water），② 油中水滴型（W／O：water in oil）	① マヨネーズ，② バター
色調の 安定化	変色による品質低下防止のために薬品処理により色調を安定化する方法 ① 発色剤（硝酸カリウム，亜硝酸ナトリウム），② 金属イオンによる色の固定化（ミョウバン），③ 酸による着色，④ アルカリによる変色防止	① ハム，ソーセージなどの畜肉加工，② なすの漬物，③ 梅干し製造，④ 緑色野菜
抽　出	液体または個体の混合物から溶媒を用いて，特定の物質を溶出分離する方法 ① 有機溶剤による抽出，② 純水による抽出，③ 熱水による抽出	① 種実から油脂の抽出，② コーヒー，紅茶，ウーロン茶，緑茶などのエキス分の抽出，③ 甜菜糖抽出
吸　着	気体または液体を多孔質またはイオン交換能をもった固体に，微細孔サイズに合う溶解物質を吸着させる方法 ① 活性炭，② 酸性白土，③ シリカゲル，④ 骨炭，⑤ イオン交換樹脂	① 油脂，水，水溶液の脱色，精製，② 油脂の脱色，脱臭，③ 加工包装食品の除湿剤，④ 水溶液の脱色，⑤ 水や水溶液の精製
吸　収	二酸化炭素を水に吸収させる方法	炭酸飲料の製造

＊食品の成分を化学反応により変化させて加工食品をつくる方法である。

4 第1部 理 論

表1-2 物理的加工法

操 作	方 法	食品例
粉 砕 (製粉)	個体原料を機械で細かい粒子にする加工法 ① 乾式粉砕は粉砕ロールを用いる方法，② 湿式粉砕は回転円盤砥石ですり潰す方法や回転金属円盤に取り付けた突起に衝突させて砕く方法がある	① 脱穀困難な小麦，② 消化性の悪い豆類
切 裁	塊を解体したり，製品を一定の形状にスライスする方法。平刃が上下動するギロチンカッター，丸刃や湾曲刃が回転するスライサーがある	豚腿脱骨，鶏の連続解体，肉やハムのスライス，カット野菜，パンのスライス
分 離 (搗精)	玄米から糠層（果皮，種皮，外胚乳，糊粉層）と胚芽を除去する方法 ① 回転容器中で穀粒同士を擦り合わせる円筒摩擦式と，② 回転容器内面に取り付けた混合砥石で穀粒の表面を削り取る研削式がある	① 米飯用，② 酒米用
ろ 過	懸濁液をろ紙やろ布を通して固形分を除く方法 ① 重力ろ過，② 圧力ろ過，③ 真空ろ過，④ 遠心ろ過がある	日本酒，しょうゆのろ過
圧 搾	加圧・圧縮して固形分中の液体を押し出す方法 ① 袋状濾布分離，② スクリュー押し込み式がある	① しょうゆもろ味分離，② 種子から油脂を分離
膜分離	非常に小さな孔を有する膜で微細粒子と液体とをこし分ける方法。精密ろ過膜（MF膜），限外ろ過膜（UF膜），逆浸透膜（RO膜）がある	生ビールや飲料水の除菌，ウイルス除去，海水淡水化
混 合	混合は材料を混ぜ合わせる操作。混練は半固体状材料を練り合わせる操作	パン生地，麺生地
膨 化	加熱により食材内部の気泡を膨張させる方法。エクストルーダー	発泡スナック菓子
ジュール加熱	電極板で挟んだ食材に交流電流を流す加熱法	パン粉用の白色パン
マイクロ波加熱	電磁波による水分子振動を利用した加熱法。家庭用電子レンジ	各種食品の加熱や解凍
高圧処理	食材を一定時間，数千気圧の高圧下に保持する加工法	ジャムの殺菌
真空調理	加熱処理した食材と調味液とを真空パックに詰め，数日～1週間の保管期間中に調味物質浸透を行う方法	レストラン向け食材

＊食品を物理的，機械的に変化させて加工食品をつくる方法である。

第1章 食品の加工法 5

表1-3 生物的加工法

種　類		食品例
微 生 物	カビ ① コウジカビ (*Aspergillus* 属)，② 青カビ (*Penicillium* 属)	① みそ，しょうゆ，米酢，清酒，焼酎，みりん，かつお節，甘酒，② チーズ
	酵母 ① ワイン酵母 (*Saccharomyces* 属)，② ビール酵母 (*Saccharomyces* 属)， ③ 清酒酵母 (*Saccharomyces* 属)，④ パン酵母 (*Saccharomyces* 属)	① ワイン，ブランデー，② ビール，ウィスキー，③ 清酒，焼酎，④ パン
	細菌 ① 酢酸菌 (*Acetobacter* 属)，② 納豆菌 (*Bacillus* 属)， ③ 乳酸菌 (*Streptococcus* 属，*Lactobacillus* 属)	① 米酢，② 納豆，③ チーズ，ヨーグルト，漬物，ピクルス
酵 素	でんぷんの分解 ① α-アミラーゼ，② アミラーゼ	① パン，② 清酒
	小麦グルテンの分解，プロテアーゼ	パン
	たんぱく質の分解 ① プロテアーゼ，② パパイン	① ビール，みそ，しょうゆ，②肉
	カゼインの分解，キモシン	チーズ
	ペクチンの分解，ペクチナーゼ	果汁
	乳糖の分解，ラクターゼ	アイスクリーム

＊食品に微生物や酵素を作用させて加工食品をつくる方法である。

食品の保存法

1. 食品が品質劣化する原因について述べる。
2. 食品の水分活性について説明する。
3. 食品の乾燥方法について知る。
4. 塩蔵と糖蔵の相違について考える。
5. 食品の低温貯蔵法について説明する。
6. 食品の加熱殺菌法について説明する。
7. CA貯蔵, MA貯蔵の特徴をあげて説明する。

1 食品の品質変化の原因

　食品が劣化する原因には, ① 有害微生物の繁殖による変敗・腐敗, ② 成分の化学的変化による劣化, ③ 食品中の酵素の作用による劣化, ④ 虫害や鼠害などがある。このうち①～③が主な食品の品質劣化原因であるが, 中でも有害微生物の繁殖による変敗・腐敗は非常に重要な原因となる。私たち人間は, 古くから食糧を備蓄するために保存する有効な方法を編み出してきたが, それらの多くは, 微生物の制御方法にあるといっても過言ではない。また, 食品を保存する方法は食品自体の性質や形状を変化させることもあり, それにより食品の味や風味, 食感などが向上することもある。
　方法の多くが偶然に発見されたものであったとしても科学的に有効性が証明される現代において, 食品の保存方法は先人たちの英知の結晶であるといえよう。

2 水分制御による保存

　水分は食品の重要な構成成分のひとつであり, 細胞内外を間隙なく水分で埋めることで組織に強度や柔軟性を与えている。また, たんぱく質や糖質などの成分と結合し, 物理化学的性状を与えるための重要な成分である。一方, 食品の腐敗の原因となる微生物の繁殖あるいは変敗 (酸化・褐変) にも水分は関与しており, 食品を保存するうえで水分含有量を制御することは非常に重要である。

1 水分活性

　食品中の水分は, 大別するとその存在状態から結合水と自由水がある。結合水は,

食品のうち，ペプチド結合（—CO—NH—），アミノ基（—NH$_2$），カルボキシ基（—COOH）をもつたんぱく質，水酸基（—OH）を多数有する炭水化物は水素結合によって多くの水分が分子の周りに結合している。また，Na$^+$や Cl$^-$ などの無機物の正負イオンは，反対に荷電した水分子に取り囲まれ，強く水和（イオン水和）して溶解している。さらに，水中に疎水性物質を分散させると，疎水性物質の周囲に水分子が秩序だって配列する（疎水性水和）。これらの分子と結合した水分が結合水であり，運動性が束縛されているため以下のような特徴を示す。① 乾燥させても蒸発しにくい。② 0℃ 以下でも凍結しにくい。③ 微生物の生育・繁殖に利用されにくい。④ 他の溶質を溶解するための溶媒としての機能が低い。

これに対して，自由水はかなり自由に分子運動することが可能で溶媒としての機能も高い。このため微生物にも利用されやすい。

こうしたことから，食品の保存性を考えた場合には，食品中の全水分量よりも自由水の割合を考えることが重要となる。その指標となる値が水分活性（Water activity : Aw）である。水分活性とは，ある温度における密閉容器に入れた純水の水蒸気圧（P$_0$）と，同じ温度における食品の示す水蒸気圧（P）との比であり，容器内に純水を入れたときの湿度を 100 ％ としたときの食品の示す相対湿度（RH）と理解することができ，次の式で表される。

$$Aw = P / P_0 = RH / 100 < 1$$

純水はすべて自由水であるため水分活性は 1.0 である。反対に無水物は P＝0 であるため Aw＝0 である。したがって，Aw は 0〜1.0 の範囲で示され，1.0 に近いほど自由水が多く含まれていることになる。

野菜，果実，食肉類，魚介類などの生鮮食品の多くは Aw＞0.9 で自由水が多いた

表2-1 食品の水分含有量と水分活性		
食品名	水分（%）	水分活性（Aw）
野　菜	90 以上	0.99〜0.98
果　実	89〜87	0.99〜0.98
魚介類	85〜70	0.99〜0.98
食肉類	70 以上	0.98〜0.97
卵	75 以上	0.97
さつま揚げ	76〜72	0.96
かまぼこ	73〜70	0.97〜0.93
開きあじ	68	0.96
チーズ	46〜40	0.96〜0.95
ハム・ソーセージ	68〜55	0.96〜0.92
塩さけ	63〜60	0.90〜0.88
ジャム	36〜51	0.94〜0.82
マーマレード	32	0.75
乾燥穀類・穀粉	15〜13	0.70〜0.65
ビスケット	4	0.33
インスタントコーヒー	3	0.36

表2-2 微生物の増殖と水分活性	
微生物	増殖下限（Aw）
細　菌	0.90
酵　母	0.88
糸状菌	0.80
好塩細菌	0.75
耐乾性糸状菌	0.65
耐浸透圧性酵母	0.60

め，保存性が低く多水分食品という。ジャム，サラミソーセージ，干し魚，佃煮，和菓子などはAw 0.65～0.85，水分含有量15～40％程度の食品で中間水分食品という。乾燥野菜，ビスケット，チョコレート，加工済みの茶葉，インスタントコーヒーなどはAw＜0.6で水分含有量も5％以下の食品で低水分食品という。食品の水分含有量と水分活性および微生物の増殖と水分活性の関係を表2-1，表2-2に示す。

❷ 乾燥

　食品加工における乾燥とは，食品から水分を除去することで，①水分活性低下による貯蔵性の向上，②重量軽減による輸送性の向上，③包装の簡略化による経費節減，④乾燥により食品の特性を変化させることで新しい食品を創造するなどを目的として行われる。

　食品が乾燥によって水分を失っていく機序は乾燥速度曲線（図2-1）によって理解することができる。食品を乾燥させはじめると，初期段階ではある量に低下するまでは乾燥速度は一定した大きな速度で減少する（恒率乾燥期，AB間）。この期間では，水分の蒸発量と内部の水分の移動量が釣り合っている。この状態から乾燥を続けると，表面の一部が乾燥することにより有効面積が低下することと，自由水が減少することで乾燥速度は低下する（減率乾燥期，BC間，CD間）。さらに乾燥を続けると，食品の表面全体が乾燥し，表層の乾燥部分が大きくなり，断熱効果で乾燥に必要な熱伝導が低下することと，内部の水分の移動距離が増加することから乾燥速度はより小さくなる。

　実際に食品を乾燥させるには，ただ熱量を加えるだけでは化学変化が進行し，色，味，香りが変化したり，表面だけが乾燥してしまい，かえって乾燥時間が長くなることがある。その原因は，食品のさまざまな化学成分が複雑に混合し，組織構造も物理的に不均一なためである。そのため，食品の乾燥は個々の食品成分や濃度，組織の状態などに適した方法や条件を選択する必要がある。主な乾燥方法を以下に示す。

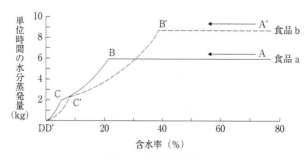

図2-1　乾燥速度曲線

資料：鴨居郁三監修／堀内久弥・高野克己編『食品工業技術概説』恒星社厚生閣，2001, p.247 より

⑴ 天日乾燥

　日干し，陰干し法があり，いずれも太陽熱を利用した温和な乾燥法である。操作が簡単で経費が削減され経済的である反面，天候に左右され品質管理が困難，時間・労力・場所の確保，大量処理に不向きであるなどの欠点もある。

⑵ 加熱乾燥

　乾燥機の下部に加熱器を設けて対流熱を利用する自然喚気乾燥法，熱風を強制的に吹き付けて食品を乾燥する熱風乾燥法のうち，箱式や棚式は野菜や魚介類などの小規模処理に適している。また，トンネル式やロータリー式は連続的で大量処理に適している。被膜乾燥法は加熱した回転ドラム表面に液状食品を塗布して乾燥させる方法である。噴霧乾燥法は，液状食品（果汁，コーヒー，牛乳，みそ汁）を回転するノズルから霧状に噴霧して，熱風で乾燥させる方法である。

⑶ 真空乾燥

　食品を密閉容器に入れ，乾燥の条件である水蒸気分圧を人工的に小さくするために真空ポンプで減圧排気する方法である。材料を熱板と接触させ伝導加熱するか，放射加熱して加熱する。また，食品を $-30 \sim -40\,℃$ で急速冷凍して細かい氷結晶とし，真空乾燥すると水分が昇華により直接気体となって飛散することを利用した真空凍結乾燥法がある。いずれも，常圧では乾燥しにくいものや，色，香りなど加熱による品質低下を防止するために低温で乾燥したいものに適している。

3 ▎浸透圧を利用した保存

　食品に食塩や砂糖を添加すると浸透圧が上昇するために脱水が生じる。このときに水分活性が低下することで微生物の増殖が抑制される。食塩を利用する方法は塩蔵，糖類を利用する方法は糖蔵という。

❶ 塩蔵

　塩蔵における食塩添加の効果としては，以下のことがあげられる。① 浸透圧の上昇による脱水，② 水分活性の低下，③ 塩素イオンによる静菌作用，③ 溶存酸素の低下による好気性菌類の増殖抑制，⑤ 酵素活性の低下による自己消化の抑制などである。一般の腐敗細菌類は5％，ボツリヌス菌などの病原細菌は10％前後で生育は抑制されるが，20％以上の高食塩濃度下においても耐塩性酵母やカビなど一部の微生物は生育することができる。食塩を添加する方法には，ボーメ20〜25％の食塩水（ブライン）に浸漬する立塩法と，食塩を食品に直接振りかける撒塩法がある。前者は，空気との接触がなく均一な処理ができるが，設備や管理が必要であり高濃度の食塩水をつくるために多量の食塩が必要である。後者は，特別な設備を必要とせず，脱

10　第1部　理　論

水効率も高く，効率的な処理法であるが，食塩の分布が不均一になりやすいこと，空気との接触部分が酸化しやすくなるなど，それぞれの方法に一長一短がある。

② 糖蔵

　糖蔵は，食品に多量の砂糖などの糖類を添加することで塩蔵と同じように浸透圧を増加させ，水分活性を低下させることで保存性を向上させる方法である。一般の微生物が生育できなくなる糖濃度は50 ～ 60 ％である。塩蔵に比べて糖蔵が高濃度を必要とする理由は，分子量の違いによるものである。すなわち，食塩（NaCl）が分子量58.5であるのに対して，砂糖（スクロース）は分子量342と6倍ほど大きく，同じ質量百分率濃度においては砂糖のほうがモル濃度は低くなるため，浸透圧も砂糖のほうが低い。糖蔵は，味の質から果実類の貯蔵（砂糖漬け，シラップ漬け，ジャム）に利用されるほか，あん，ようかん，甘納豆，加糖練乳（コンデンスミルク）なども糖蔵食品といえる。

4 ▌ 酸の作用による保存

　食酢などの酸を食品に添加すると保存性が向上する。これは，酸を添加することで食品のpH（水素イオン濃度指数）が低下するためである。pHは，水素イオン濃度を負の常用対数で表したもの（$pH = -\log [H^+]$）であるため，pHが低いということは実際には［H^+］の濃度が高くなっていることを示している。微生物の生命活動には最適なpHの範囲があり，通常のカビ・酵母はpH 4 ～ 6の弱酸性，一般細菌はpH 7の中性の付近でよく生育するので，酸を添加してpHを低下せると生育が阻害される。なお，同じpHならば無機酸（塩酸など）よりも酢酸などの有機酸の方が生育阻害効果は高く，風味も良好である。また，酢酸＞クエン酸＞乳酸の順で効果が高い。

　野菜のピクルスのような酢漬け，マヨネーズなどは食酢を添加することで貯蔵性を高めた酸貯蔵の食品である。また，発酵食品として乳酸菌を加えるヨーグルトやチーズもpHを低下させ保存性を高める食品といえる。さらに，みそ，しょうゆ，日本酒などの発酵食品の製造においても，初期段階では乳酸菌が乳酸発酵することでpHの低下が起こり，中性付近を好む腐敗微生物や食中毒菌の増殖が抑制され，その後の麹菌や酵母による発酵が進行する。

5 ▌ 低温による保存

　一般に食品を低温で保存すると常温に比べて腐敗や変敗の速度を遅らせることができる。これは，低温下で ① 呼吸の抑制，② 酵素反応の抑制，③ 水分蒸散の低下，④

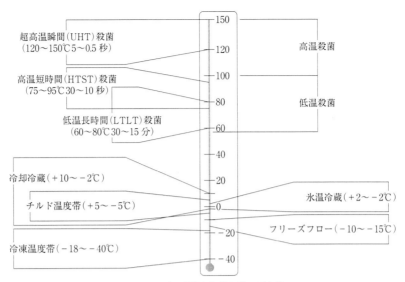

図2-2 低温保蔵と加熱殺菌の温度帯

微生物増殖の抑制，⑤非酵素的褐変の抑制，⑥酸化反応の抑制などにより食品の鮮度が維持されるためである。

　低温貯蔵とは，一般に+10℃以下で保存することを指し，+10〜-2℃程度の貯蔵は冷蔵（冷却貯蔵：cooling storage）という。氷結点に近い+2〜-2℃は食品の品質変化が少ない温度帯で，そこでの保存は氷温貯蔵（chilling storage）と呼ばれる。チルド（chilled）と呼ばれる保存温度帯は+5〜-5℃を指しているが，食肉や魚介類などを扱う場合には+1〜-1℃を指すことがある。食品にはたんぱく質，脂質，糖類などさまざまな成分が含まれているため，水は0℃では凍ることはなく，-0.5〜-2℃位で凍りはじめる。パーシャルフリージング（partial freezing）とは-3〜-5℃の氷結直後の温度帯を指し，表面は凍結しているが内部は未凍結の状態であるため半凍結ともいう。フリーズフロー（freeze flow）とは，-10〜-15℃の温度帯でも砂糖など糖分の多い食品は凍結しないことを利用したもので，ホイップクリームやケーキ類，デザート類は冷凍庫で保存しても解凍せずに使用することができる。

　氷結点付近の-5℃から氷結が進行する-18℃までの温度帯においては食品中の水分は凍結と融解を繰り返しているため，完全に食品を凍結するためには-18℃以下にして保存をする必要がある。凍結貯蔵（frozen storage）とは，食品を-18〜-40℃の温度帯で冷凍して保存することで，-18℃付近で冷凍食品の貯蔵や流通，刺身用のマグロの貯蔵などは-30℃以下で行われる。

　食品を効率よく低温貯蔵するには，温度の高い食品をあらかじめ冷却し，貯蔵庫内の温度変化を少なくする。これを予冷（precooling）といい，冷却した空気を吹き付ける空気予冷，水や氷水と接触させる冷水予冷，減圧容器内で食品の水分を蒸発させ

12 第1部 理 論

蒸発潜熱による真空予冷がある。特に凍結貯蔵の場合は，−1〜−5℃の最大氷結晶生成帯（zone of maximum ice formation）といわれる氷結晶が成長する温度帯を30分以内で素早く通過させなければならない。急速冷凍により氷結晶をできるだけ小さくすると組織へのダメージが減り，解凍時のドリップ量が減少するので，うま味など成分の流出が軽減される。

　低温で保存した食品は，流通過程においても冷凍，冷蔵，低温の状態が維持されていなければ意味がない。コールドチェーンとは生鮮食品などを低温で流通させる方式のことで，低温流通体系とも呼ばれる。アメリカなどで発達した流通方式で，魚や肉，野菜などの生鮮食料品は出荷から販売されるまで複雑な流通経路をたどるが，衛生面や栄養面でもコールドチェーンを利用した生鮮食料品は優れていると考えられる。

6 ┃ 殺菌による保存

　食品の材料となる動植物は，自然の状態にあるかぎり土壌や空気中の微生物と接触しているので，すでに汚染されている。さらに，と殺・収穫され加工・流通の過程では汚染が進んでいくので腐敗や劣化が生じる。そこで，食品の微生物汚染による腐敗を防止して保存性を高めるためには殺菌を行う必要がある。食品の殺菌（pasteurization）とは，目的に応じて食品衛生上で有害な微生物の数を問題のない範囲にまで減少させることで，食品や器具などすべての微生物を死滅あるいは除菌する滅菌（sterilization）と区別している。また，静菌とは微生物の増殖・活動を抑制することで，死滅には至らないことが多い。塩蔵や糖蔵は食塩や砂糖を大量に加えることによる静菌効果のひとつといえる。

　殺菌方法を大別すると，加熱殺菌と冷殺菌がある。食品の加工・貯蔵には多くの場合，加熱殺菌が用いられる。しかし，空気や水，加熱して成分変性すると商品価値が著しく低下する食品や熱耐性のないプラスチック容器などの殺菌は冷殺菌が行われる。

❶ 加熱殺菌

⑴ 低温殺菌（Low Temperature Long Time：LTLT 法）

　100℃以下で行う殺菌方法で，通常は60〜80℃前後で15〜30分間の保持殺菌を行う。大腸菌やサルモネラ菌，肺炎球菌など胞子形成能をもたない病原菌や腐敗菌の多くは死滅するが，耐熱性の胞子形成細菌は生存するため，冷蔵しても長期保存できない。長所としては，香りやアルコールなどの揮発性成分が飛びにくい，生の食感が残せるなどの特徴から，しょうゆ，酒，ワイン，果実ジュース，果実缶詰などの殺菌に用いられる。

⑵ 高温短時間殺菌（High Temperature Short Time：HTST 法）

　牛乳やジュース類を高温で短時間加熱して殺菌する方法である。牛乳の場合は 75 〜 78 ℃ で 15 〜 16 秒，ジュース類は 85 〜 95 ℃ で 10 〜 30 秒程度の殺菌が行われている。

⑶ 超高温瞬間殺菌（Ultra High Temperature：UHT 法）

　120 〜 140 ℃ で 1 〜 5 秒間，135 〜 150 ℃ で 0.5 〜 1.5 秒間の高温で瞬間的に殺菌・滅菌を行う方法である。市販牛乳の多くは UHT 法で殺菌されている。耐熱性の芽胞を形成する細菌類も殺菌されるので無菌的に充填されていれば 3 カ月以上の常温保存が可能である。ジュースやトマトペーストなどの殺菌にも使われている。

⑷ 高圧蒸気殺菌（autoclaving）

　水を入れた密封容器を加熱すると水は加圧された水蒸気となり，100 ℃ 以上の高温状態をつくりだすことができる。基準は 120 ℃ で 4 分間以上であるが，通常は，110 〜 121 ℃ で 10 〜 30 分間殺菌を行う。水産物，畜産物，野菜などの缶詰食品の殺菌に適している。殺菌に用いる高圧釜のことをレトルト（retort）という。

⑸ 加圧加熱殺菌

　レトルトを用いて加圧加熱殺菌した食品を日本ではレトルト食品と呼ぶ（海外では通用しない）。広義の意味では缶詰類もレトルト食品といえるが，現在では耐圧耐熱性のフィルム袋またはその他の形に成形した容器に食品を充填して，密封後に加熱加圧殺菌したレトルトパウチ食品の略称として定着している。この場合，高圧蒸気中で加熱すると袋あるいは容器の内圧が上昇して破裂する。そのため，加熱・冷却の際は加圧水を注入して外圧を加えながら精密な圧力調整を行わなければならないので，普通の高圧釜に比べると装置が高価になる。

⑹ マイクロ波加熱

　マイクロ波加熱の原理は，食品（誘電体）がマイクロ波を吸収し励起され，元の状態に戻る（緩和）ときに励起されたエネルギーの分だけ熱が生じることによる。一般家庭でも普及している電子レンジは，マイクロ波加熱によるもので，国際規格とされる 2,450 MHz の周波数のマイクロ波を照射すると，水分子のプラス極とマイナス極が毎秒 24 億 5,000 万回振動して励起し，振動・回転運動をする。このときに液体の水あるいはそれに近い状態の水分子は摩擦により短時間で発熱する。マイクロ波加熱は，① 内部から高速で選択的に加熱される，② 加熱効率が高く応答性がよい，③ 温度制御性がよく均一に加熱される，④ クリーンなエネルギーで操作性や作業環境がよい，などの特徴があるが，特に水分を多く含む食品の加熱に向いている。

⑺ 赤外線加熱

　赤外線は赤色光よりも波長が長く電波より波長の短い電磁波で，0.7 µm 〜 1 mm （= 1,000 µm）の波長領域を指す。波長によって，近赤外線，中赤外線，遠赤外線に分けられ，遠赤外線は波長がおよそ 4 〜 1,000 µm の電磁波で，電波に近い性質が

14　第1部　理　論

あり熱線とも呼ばれる。遠赤外線は絶対零度（−273℃）でない限り，すべての物質が放射する（黒体放射）ことから，温度が高いほど放射量（エネルギー）が多くなる。遠赤外線照射による加熱の原理は，電気極性をもつ分子（水分子など）に振動エネルギーを与えて運動を活発化させ，他の分子と衝突したときに熱が生じることによる。衝突回数は1秒間に100億回以上といわれる。すなわち，遠赤外線自体は熱体ではなく放射した分子に自己発熱を起こさせる電磁波である。遠赤外線のもつエネルギーは，表面から0.2mm程度でほぼ吸収され熱に変わる。その熱が効率よく伝導し，全体が加熱される。

　プラスチックや植物，鉱物（石，ガラス，セラミックスなど）は遠赤外線をよく吸収し，吸収された遠赤外線は，表面でほとんど熱に変わり，透過することはない。また，水やアルコールなども遠赤外線をよく吸収し，1mmの厚みがあれば，そこでほとんど吸収され，透過することはない。また，表面が光った金属は，遠赤外線をよく反射するため，遠赤外ヒーター背面に金属板を設置すると，前面に多くの遠赤外線を反射させることができ加熱効率が高まる。

❷ 冷殺菌

(1)　紫外線殺菌

　紫外線は100nm〜400nmの短波長領域にある目に見えない光線である。さまざまな化学反応を起こす力をもっており，細胞に照射するとDNAを変化させ，たんぱく質にも大きな影響を与えることから微生物の殺菌に用いられる。殺菌作用の強い紫外線のピークは260nm近辺のUVCといわれる波長領域である。特徴として，① 菌に耐性をつくらない，② 対象物に温度を含めてほとんど変化を与えない，③ 管理が容易で自動運転に適する，④ 処理時間が短い，⑤ 残留しない，などの長所がある反面，① 残留効果がない，② 対象が表面に限られる，③ 遮蔽物があると効果がない，などの短所もある。加工室内の空気の殺菌や水の殺菌に有効な方法である。

(2)　放射線殺菌

　放射線殺菌は，香辛料，乾燥野菜，冷凍食品，食肉類や生鮮食品，食品包装容器を非加熱で薬剤使用によらず殺菌できるので，有効な殺菌方法の一つである。放射線殺菌の特徴は，① 照射による温度上昇が無視できるほど小さい，② 照射による品質劣化が少なく風味が損なわれない，③ 包装したまま殺菌できるため再汚染のリスクが小さい，④ 添加物などのような成分残留がない，⑤ 形態が不均一であっても均一な殺菌処理が可能である。1〜50kGy（特に10kGy以下）の放射線を食品の殺菌を目的に照射する技術は，欧米諸国をはじめ各国で実用化されている。日本でもさまざまな安全性試験を行って照射処理に問題がないことが確認されているが，現在はばれいしょへの発芽抑制を目的とした照射のみが許可されている。

❸ 化学的殺菌

(1) ガス滅菌

エチレンオキシドやホルムアルデヒドなどのアルキル化剤の気体（ガス）を発生させることにより滅菌する。汚染した建物の滅菌にホルムアルデヒドガス（ホルマリン燻蒸）が用いられる。ただし，使用するガスは人体に有害なものが多いので，対象物へのガスの残留や，処理終了後の排気には注意を要する。

(2) 殺菌剤，殺菌消毒薬

通常，液体あるいは水溶液として消毒を目的として用いられる。エタノール，イソプロピルアルコールは，細菌の細胞膜やウイルスのエンベロープの破壊，たんぱく質の凝固作用により殺菌効果を示す。エタノールは細菌には70％程度，ウイルスでは100％の濃度が最も効果が高い。2－プロパノールは30～50％で用いる。クレゾールはたんぱく質の凝固作用をもつ。逆性石鹸（塩化ベンザルコニウム，塩化ベンゼトニウム），両性石鹸（塩酸アルキルジアミンエチルグリシン，グルコン酸クロルヘキシジン）は，表面張力低下による細胞膜の障害，たんぱく質の凝固・変性により殺菌作用を示すが，普通石鹸と反応すると殺菌力が失われる。この他，カテキンなどのポリフェノール，ペパーミントやユーカリなどの植物精油，わさびやしょうがなどの香辛料にも殺菌効果が認められており，すでに実用化されているものもある。エタノールは，直接食品へ噴霧するが，それ以外の殺菌剤・殺菌消毒剤は器具や手指など食品周囲の殺菌に用いられる。

(3) オゾン殺菌

オゾンはフッ素に次ぐ強力な酸化作用があり，殺菌・ウイルスの不活化などに用いられる。日本でも食品添加物として認可されており，東京都水道局や大阪市水道局で水道水の殺菌の一環として用いられている。オゾンは有機塩素化合物を生成しないため，処理後の水にも残留せず，塩素と比較して味や匂いの変化が少ない。電気分解により水に含まれる酸素から「オゾン水」を作成することができることと，オゾンの不安定な性質により数十分で水に戻るので後洗浄を必要としないことから生野菜などの殺菌洗浄にも利用されている。

(4) ろ過除菌

ろ過は液体中に懸濁する固形物を多孔質の膜を利用して固液分離する方法である。このうち $0.1\,\mu m$ 以下のろ過膜を利用すると微生物，ウイルスを膜面で除去することができる。$10 \sim 0.05\,\mu m$ の膜を用いる方法を精密ろ過，$0.01 \sim 0.001\,\mu m$ の膜を用いる方法を限外ろ過，$0.002\,\mu m$ の膜を用いる方法を逆浸透膜ろ過という。限外ろ過のレベルでウィルスも除去が可能である。逆浸透膜を利用するとナトリウムイオンなども除けるため，海水を真水にすることもできる。

7 ガス調節による保存

① CA 貯蔵 (Controlledatmospherestorage)

　CA 貯蔵は，気密性の優れた冷蔵貯蔵庫内の酸素を生鮮食品自体の呼吸により消費させるか，あるいは燃焼させて減少させることで酸素濃度を 2 ～ 5 ％ (通常の大気中は 20.9 ％)，二酸化炭素濃度を 0.5 ～ 10 ％ (通常の大気中は 0.03 ％) にコントロールし，呼吸の低下によって高品質保持を目的とした保存方法である。CA 貯蔵には，① 追熟の抑制による鮮度維持，② クロロフィル分解抑制による緑色保持，③ 果肉の軟化抑制，④ カビなどの好気性菌による腐敗抑制，⑤ 出庫後の日持ちのよさ，などの効果があるが，設備投資と装置の維持管理にコストがかかる。

② MA 貯蔵 (Modifiedatmospherestorage)

　MA 貯蔵は封入する生鮮食品の種類や量から，フィルムの厚さ，通気性などを選択して包装材中で酸素を消費させ，発生する二酸化炭素の濃度を上昇させることで CA 貯蔵に近い状態をつくりだし，保存性を高めることを目的としている。比較的短期間の貯蔵や流通中の鮮度維持に有効で，CA 貯蔵に比べ低コストであるが二酸化炭素濃度を制御することができないので逆に品質が劣化する場合もある。

③ ガス置換剤

　密封された包装材中の酸素やエチレンガスを吸着するとともに，二酸化炭素を発生あるいは吸着したり，アルコールを発生させるものをガス置換剤として用いる。アスコルビン酸や二酸化炭素を吸着させた合成ゼオライトが主剤である。多孔質で柔らかいスポンジ質のカステラ生地や，発酵食品のように保存中に二酸化炭素が発生する食品に利用される。

④ 脱酸素剤

　ハイドロサルファイト，アスコルビン酸，グルコースオキシダーゼ，鉄などの酸素と反応しやすい成分を用いて包装容器内の酸素を除去することで好気性細菌，脂質の自動酸化，酸化による天然色素の減色を抑制することができる。鉄 1 g は酸素 300 mL (1,500 mL の空気に相当) を吸収できるため，よく利用される脱酸素剤のひとつである。

8 燻煙による保存

　樹脂成分の少ない堅木材 (サクラ，ナラ，クヌギ，カシなど) を不完全燃焼させた

ときに生じる燻煙の中には，フェノール類，アルデヒド類，ケトン類，有機酸などが含まれている。これらの成分が食品の表面に付着して浸透することで病原細菌や腐敗細菌に対して静菌あるいは抗菌効果が期待できる。さらに，燻煙中の加熱による乾燥や表層被膜形成による内部保護による保存性の向上も期待できる。また，燻煙食品は特有の味や芳香を呈しており，これらに燻煙中のフェノール類，カルボニル類，酸が関与している（表2-3）。

　燻煙法には，15〜30℃で1〜3週間処理する冷燻法，50〜80℃で2〜12時間または数日処理する温燻法，120〜140℃で2〜4時間処理する熱燻法，木酢液（燻液）に10〜20時間浸漬後乾燥処理する液燻法がある。燻煙加工は畜肉製品（ハム，ソーセージ，ベーコン）や水産製品（にしん，たら，さけ）など多水分系で保存性が低い食品の貯蔵性を高めるのに有効な手段として古くから利用されている。特に冷燻法は長時間の燻煙処理のため乾燥効果も強く，保存性が他の燻煙法に比べて高い。

表2-3　燻煙中の主な化合物

分　類	化学成分名
フェノール類（20〜30 ppm）	グアヤコールとその4-メチル，4-エチル，4-アリル置換体，フェノール，ピロカテコール，クレゾール
アルコール類	メチルアルコール，エチルアルコール，プロピルアルコール，アリルアルコール
有機酸類（550〜635 ppm）	ギ酸，酢酸，プロピオン酸，酪酸，バレリアン酸
カルボニル化合物 　　ケトン類（190〜200 ppm）	アセトン，ブタノン，メチルブタノン，ペンタノン
アルデヒド類（165〜220 ppm）	ホルムアルデヒド，アセトアルデヒド，エタナール，ブタナール，イソブチルアルデヒド，バレルアルデヒド
炭化水素類	ベンゼン，トルエン，キシレン，クメンチモール，ベンズアントラセン

9 ┃ 食品添加物による保存

　食品添加物のうち保存料は，主に微生物による変敗や腐敗の防止，微生物による食中毒を低減することを目的として，加工食品の保存性を高めるために使用される化学薬品をいう。しかし，広義には食品添加物は，油脂の劣化，でんぷんの老化，色素の変色など，あらゆる食品の劣化を抑制し，食品の保存性を向上させるための物質ととらえることがきる。

　現在使用が許可されている主な合成保存料は安息香酸ナトリウム，ソルビン酸カリウム，デヒドロ酢酸ナトリウム，パラオキシ安息香酸エステルなどである（表2-4）。また，弁当や惣菜など保存性の低い食品に対し，数日あるいは数時間単位の短期間の腐敗・変敗を抑制する目的で添加されるものを日持向上剤と呼び，グリシンや酢酸ナトリウム，ε-ポリリジン，pH調整剤，リゾチーム，中鎖脂肪酸ポリグリセリンエス

18　第1部　理論

テルなどが使用される（表2-5）。一方，空気中の酸素による食品の酸化が原因となる劣化を防止するために用いるのが酸化防止剤であり，アスコルビン酸，カテキン，トコフェロール，BHT，BHAなどがある（表2-6）。

表2-4　主な保存料

	性質および効果	使用される主な食品
安息香酸 安息香酸ナトリウム	水溶性で，各種微生物に対して増殖抑制の効果がある。pHが低いほど効力は増大する。	キャビア，マーガリン，清涼飲料水，シロップ，しょうゆ。安息香酸ナトリウムについては，菓子製造用の果実ペーストおよび果汁にも使用可
しらこたんぱく抽出物（プロタミン）	サケの精巣（しらこ）の中にあるプロタミンやヒストンを抽出したもので，ネト（微生物が増えることによって生じるネバネバ）の発生を遅くする効果がある。	でんぷん系の食品，魚肉練り製品，調味料など。水産練り製品に使用した場合，弾力増強効果や塩なれ効果もある
ソルビン酸カリウム	抗菌力はあまり強くないが，水溶性でカビ，酵母，細菌など幅広い効果がある。	チーズ，魚肉練り製品，食肉製品，魚介乾製品，つくだ煮，煮豆，しょうゆ漬，こうじ漬，ジャム，フラワーペースト類など
プロピオン酸 プロピオン酸カルシウム プロピオン酸ナトリウム	自然界にも微生物の代謝産物として存在し，カビや芽胞菌（耐熱性の細胞をつくる細菌）の発育を阻止する。	チーズ，パン，洋菓子など
デヒドロ酢酸ナトリウム	ナトリウム塩にすることで水溶性となり，カビ，酵母，好気性菌の生育の阻害効果がある。特にカビ類の発生しやすい食品に使用されるが，抗菌効果はpHが低いほうが効果が高い。	チーズ，バター，マーガリンなど
パラオキシ安息香酸ナトリウムエステル	カビ，細菌類の繁殖を抑制する効果が高く，酸性でもアルカリ性でも効果を発揮する。ブチルエステルは，抗菌力が比較的高く，パラオキシ安息香酸エステル類の中で最も多く使用される。	しょうゆ，果実ソース，清涼飲料水，シロップ，果実および果菜の表皮
ヒノキオール（ツヤプリシン）	主成分はツヤプリシンで，カビ，酵母，細菌類に対して増殖抑制の効果がある。難水溶性で特有の香気がある。	一般食品全般

資料：東京都福祉保健局HP「食品衛生の窓」，横浜市衛生研究所「食品添加物データシート」

第 2 章　食品の保存法　**19**

表 2-5　主な日持向上剤

	性質および効果	使用される主な食品
ε-ポリリジン（ポリリジン）	放線菌の一種の培養液から精製される。成分は，必須アミノ酸の一種である L-リジンのポリマーである。ほとんどの細菌，酵母に対して有効であるが，カビに対してはあまり効果がない。	一般食品，特にでんぷん系の食品
グリシン	アミノ酸の一種で甘味，うま味をもつ一方，好気性芽胞菌などの微生物に対する静菌作用がある	対象食品の制限はないが，水産練り製品，惣菜などによく使用される
酢酸ナトリウム	幅広い細菌類の生育を抑制する効果がある。また，pH 調整剤や調味料，酸味料としても利用される。	対象食品の制限はない
pH 調整剤	食品の pH を適切な範囲内（主に酸性）に調整し，成分の変質，変色を防止したり，他の食品添加物の効果を向上させる目的で使用される。代表的なものとしてクエン酸，クエン酸Ⅲナトリウム，リンゴ酸，リン酸，炭酸ナトリウムなど。	一般食品全般
リゾチーム	細菌の細胞壁を溶かすことによって静菌作用を発揮するという特殊な機能を有する溶菌酵素と呼ばれるものである。	一般食品全般
中鎖脂肪酸ポリグリセリンエステル	脂肪酸のうち，オクタン酸（カプリル酸：C 8），デカン酸（カプリン酸：C 10），ドデカン酸（ラウリン酸：C 12）などの中鎖の脂肪酸を使用したグリセリン脂肪酸エステルは，乳化剤であるとともに酸性領域での静菌性が認められており，日持向上剤として使用されている。	製菓関連，かまぼこ，漬物，惣菜全体

資料：表 2-4 と同じ

表 2-6　主な酸化防止剤

	性質および効果	使用される主な食品
L アスコルビン酸（ビタミン C）	水溶性の酸性物質で強い還元作用があり，褐変，変色，風味の劣化などを防止する。食品中で酸化されると，酸化剤のはたらきももち，品質改良剤としても使用される。	果実加工品，漬物，惣菜，パンなど
エリソルビン酸	ブドウ糖発酵生成物をエステル化し，さらにエノール化して合成される強い還元剤。対象食品や使用量に制限はないが，酸化防止の目的のみ使用が可。	果実加工品，魚介加工品，農産物缶詰，漬物など
カテキン	茶葉・茎を原料とし，水またはエタノールで抽出，精製されるカテキン類。ビタミン E，クエン酸，ビタミン C などの併用により相乗効果を発揮する。	水産加工品，食肉加工品，菓子，油脂，清涼飲料水など
ジブチルヒドロキシトルエン（BHT）	脂溶性で，他の酸化防止剤に比べて安定性が優れている。クエン酸やアスコルビン酸などの他の酸化防止剤と併用することが多い。	油脂，バター，魚介乾製品，魚介塩蔵品，乾燥裏ごしいも，魚介冷凍品，鯨肉冷凍品
ブチルヒドロキシルアニソール（BHA）	浸透性にすぐれ，BHT と同等またはそれ以上の酸化防止効果をもつ。	油脂，バター，魚介乾製品，魚介塩蔵品，乾燥裏ごしいも，魚介冷凍品，鯨肉冷凍品

資料：表 2-4 と同じ

食品の変質要因

1. 微生物による食品の変敗と，水分，温度，pH，浸透圧，酸素の関係について学習する。
2. 脂質の酸敗について学習する。
3. 食品の変敗における食品中の酵素，光，成分間の影響について学習する。
4. 昆虫や小動物による汚染について学習する。

1 食品の変質

　食品の変質とは，時間の経過により，味やにおいの劣化，鮮度の低下が起こり，食品本来の色，味，香りが，不快な臭いや異味に変化し，外観が損なわれて食べられなくなることである。一般に，たんぱく質などの窒素化合物を含んだ食品が微生物の作用により分解され，悪臭や有害物質を産生することを腐敗という。炭水化物や脂質が微生物や酸素，光などの作用によって分解され，食用に適さない状態になったものを変敗，または酸敗という。

　食品の変質は，粘度，濁度，比重，過酸化物価，酸価，pH，酸度，栄養成分，糖度などの「理化学試験」，一般生菌数，大腸菌群数，大腸菌数，低温細菌残存の有無，芽胞菌の残存の有無などの「微生物試験」，視覚・味覚・嗅覚などの感覚を通して評価する「官能試験」の結果を総合して判断する（食品の期限表示設定のガイドライン）。

　食品の変質の要因は，大まかに環境によるものと食品自体の自己消化によるものに分けられる。環境による要因で，まずあげられるのが微生物汚染による変質であり，次に酸素や光などの影響による変質，さらには，加工，流通時の昆虫や小動物などによる物理的破損などがある。一方，食品自体の自己消化では，自身の酵素による自己消化や，成分間の化学反応による劣化などがあげられる。

2 微生物による変質

1 変質の機序

　食品成分は微生物の酵素などにより分解されるが，微生物数が 10^7 / g 以上になる

と急速に食品の変質（腐敗）が生じる。食品の保存状態や付着している菌種，好気性か嫌気性かによっても異なる。発酵は，微生物の作用により食品の品質や価値が高まった場合であるが，腐敗とは，微生物の作用により主にたんぱく質などが分解されて異臭などを含む腐敗生成物を生じ，食品の可食性が失われた場合である。以下にたんぱく質がアミノ酸まで分解され，脱炭酸反応，脱アミノ酸反応によりアミン類，脂肪酸，有機酸などが産生し変質が進む例をあげる。

(1) 脱炭酸反応

食品の内部で起きるアミノ酸の脱炭酸反応により，アミンと二酸化炭素を生じる。青魚に多いヒスチジンが細菌（モルガン菌 *Morganella morganii* など）の作用により，カルボキシ基が脱離して有毒アミンであるヒスタミンに変化し，アレルギー様食中毒の原因になる。

$$R-\underset{NH_2}{\underset{|}{C}}-CO_2H \xrightarrow{\text{脱炭酸}} R-\underset{NH_2}{\underset{|}{C}}-H + CO_2$$

アミノ酸　　　　　　　アミン

（例）　ヒスチジン→ヒスタミン＋二酸化炭素（化学物質による食中毒の主たる原因）

　　　　リシン→カダベリン＋二酸化炭素（腐敗臭）

(2) 脱アミノ反応

食品表面で細菌が増殖し，アミノ酸からアミノ基が脱離してアンモニアと有機酸が生成される。

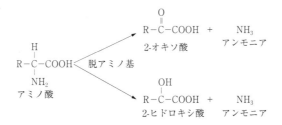

（例）　アスパラギン酸→フマル酸　または

　　　　　　　　　　→アンモニア＋マレイン酸

　　　　アラニン→アンモニア＋ピルビン酸

(3) 脱炭酸反応と脱アミノ酸反応の併行

脱炭酸反応と脱アミノ酸反応が併行して起こる反応がある。この反応は加水分解，酸化，還元などにより，二酸化炭素，アンモニア，アルコール，脂肪酸などを生じる。

（例）　バリン＋水→イソブチルアルコール＋アンモニア＋二酸化炭素

　　　　グルタミン酸→酪酸＋アンモニア＋二酸化炭素

22　第1部　理　論

⑷　その他のアミノ酸の分解

　チロシンなどの芳香族系アミノ酸が分解すると p-クレゾールが，トリプトファン
などの複素環系アミノ酸が分解するとスカトールなどのインドール化合物が，メチオ
ニンやシステインなどの含硫アミノ酸が分解するとメルカプタンや硫化水素などの硫
黄化合物が生成される。

❷　腐敗を起こす微生物

　食品で腐敗に関与していると報告されている主な微生物を表3-1にまとめた。

表3-1　腐敗に関与している主な微生物

食　品	菌　種
魚介類	ビブリオ属（*Vibrio*），フォトバクテリウム属（*Photobacterium*），シュードモナス属（*Pseudomonas*），アルテロモナス属（*Alteromonas*），シュワネラ属（*Shewanella*），アシネトバクター属（*Acinetobacter*），ロゼオバクター属（*Roseobacter*），モラクセラ属（*Moraxella*），サイクロバクター属（*Psychrobacter*），フラボバクテリウム属（*Flavobacterium-Cytophaga*），サイトファガーレス属（*Cytophagales*）
食　肉	アルカリゲネス属（*Alcaligenes*），アクロモバクター属（*Achromobacter*），シュードモナス属（*Pseudomonas*），フラボバクテリウム属（*Flavobacterium*），アシネトバクター属（*Acinetobacter*），マイコバクテリア属（*Mycobacterium*）
青果物	ペニシリウム属（*Penicillium*），アルタナリア属（*Alternaria*），モニリア属（*Monilia*），ボトリチス属（*Botorytis*）

❸　腐敗の判別

　腐敗の判別には臭気，色調，光沢，弾力性の変化などヒトの感覚で判定する官能検
査法，細菌学的判定，腐敗生成物を化学的に判定する方法がある。化学的判定に，揮
発性塩基窒素（Volatile basic nitrogen, VBN：アンモニア性窒素を測定），K 値（ATP
の分解物を測定）などが指標として用いられている。

❹　水分

　水分は微生物の増殖に必須で，微生物が利用できる水は，食品中で塩類，糖類，た
んぱく質等に結合し保持されている結合水ではなく，遊離の状態にある自由水である。
微生物の生育の可能性を予測するためには，食品中の単純な含水量ではなく，自由水
の割合を示す水分活性値（Water activity，略号は Aw）が用いられることが多い。

　水分活性値 Aw は，密閉容器中に純水を入れて蒸発させた場合の平衡蒸気圧（P_0）
に対する，同じ条件下での被検食品中の平衡蒸気圧（P）の比で表される。

$$Aw = P / P_0 < 1$$

　純水の水分活性値 Aw は 1.00 になり，食品の水分活性値 Aw は 1 より小さな値と
なる。主な細菌の多くは，水分活性値 Aw が 0.98 以上でよく増殖し，0.60 以下では

第3章　食品の変質要因　23

表3-2　食品の水分活性，および，その水分活性で生育できる菌

水分活性値	主な食品	生育できる菌
～0.98	生肉，鮮魚，野菜，果物，牛乳，米飯など	多くの細菌が生育良好，カンピロバクター属菌（*Campylobacter jejuni /coli*）など
0.98～0.93	パン，ソーセージ，缶詰め肉，プロセスチーズなど	多くの細菌，ボツリヌス菌（*Clostridium botulinum*），セレウス菌（*Bacillus cereus*），ウエルシュ菌（*Clostridium perfringens*），腸炎ビブリオ菌（*Vibrio parahaemolyticus*），サルモネラ属（*Salmonella sp.*），エンシニア・エンテロコリティカ（*Yersinia enterocolitica*），腸管出血性大腸菌（*Escherichia coli, O 157 : H 7，O 26 : H 11* など）など
0.93～0.85	半乾燥牛肉，生ハムなど	黄色ブドウ球菌など
0.85～0.75	ジャム，小麦粉，穀物，ビーフジャーキー，はちみつなど	アスペルギルス属（*Aspergillus sp.*），ペニシリウム属（*Penicillium sp.*），フザリウム（*Fusarium sp.*）など
0.75～0.60	乾燥果実，ゼリー，キャンディーなど	耐浸透圧性酵母（*Zygosaccharomyces roxii* など），好乾性アスペルギルス属（*Aspergillus repens/ruber* など）など
0.60～	ビスケット，コーンフレーク，ポテトチップスなど	通常の細菌は生育しない

生育できないと考えられるが，食品などの取り扱い方によっては，表面など局所的に水分活性が上昇し，カビなどによる汚染が生じることもあるので注意が必要である。

❺ 温度

　微生物には生育に適する温度帯，最適生育温度が存在する。食中毒菌や病原性微生物などを含む一般的な微生物は，生育温度が 10 ℃ ～ 45 ℃ の中温細菌に属するため，10 ℃ 以下の環境では生育しにくい。しかし，食中毒菌や腐敗細菌の中には低温で増殖する菌種もいるので，長期の冷蔵保蔵には注意が必要である。

　また，一般に微生物は最適生育温度よりも 10 ～ 15 ℃ 高い温度にさらされると急速に死滅しはじめ，100 ℃ 近くではほとんど死滅する。しかし，芽胞（胞子）を形成する細菌では 100 ℃ 30 分以上の加熱にも耐えるので，注意が必要である。芽胞の耐熱性は酸性で著しく低下する。

表3-3　生育温度による微生物の分類

区分	最低温度	最適温度	最高温度
低温・好冷細菌	− 10 ～ − 5	10 ～ 20	20 ～ 40
中温細菌	5 ～ 10	25 ～ 45	45 ～ 55
高温細菌	30 ～ 45	50 ～ 60	70 ～ 80
超高熱細菌	―	＞ 80	―

＊中温細菌はヒトやほ乳類動物に付着している大部分の細菌

❻ pH

　微生物の生育に最適な pH は，温度や水分活性によっても異なるが，細菌は pH 6.5 ～ 7.5，カビは pH 3 ～ 5，酵母は pH 4 ～ 6 である。食中毒菌の生育に可能な pH は，サルモネラ属菌で 3.8 ～ 9.5，ボツリヌス菌で 4.0 ～ 9.6，腸管出血性大腸菌で 4.4 ～

9.0，カンピロバクター属菌で4.9〜9.0，腸炎ビブリオ菌で5.5〜9.6，リステリア菌で5.6〜9.6である。乳酸菌はpHが3.8〜6.8で生育可能である。食品のpHをpH 3以下に低下するか，pH 10以上にすれば大部分の微生物の繁殖を抑制することができる。

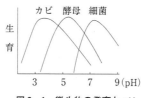

図3-1　微生物の発育とpH

❼ 浸透圧

　細胞内にはさまざまな電解質や有機物が存在するため，通常の周囲の環境よりは浸透圧が高く，常に水が入り込む状態にある。このため，微生物が低い浸透圧の環境にさらされた場合でも影響は受けにくいと考えられる。一方，高い浸透圧の環境にさらされた場合は，細胞内の水が流出し，細胞質の体積が減少するため致命的となる。浸透圧に対する耐性は温度などの環境によって異なるが，大腸菌（*Escherichia coli*）や酵母（*Saccharomyces cerevisiae*）で，1 M程度の食塩水（約6％食塩水）に耐性の菌種もある。塩蔵，糖蔵は浸透圧を利用した保存法である。

❽ 酸素

　微生物は，増殖に酸素を必要とする好気性菌，酸素の有無にかかわらず増殖可能な通性嫌気性菌，酸素がない所で生育する偏性嫌気性菌，大気中では生育し難いが大気よりも酸素濃度が低いと生育できる微好気性菌に分類される。

　カビは大半が好気性菌であり，酸素がない状態では生育できない。偏性嫌気性菌であるウェルシュ菌，ボツリヌス菌，通性嫌気性菌である黄色ブドウ球菌，サルモネラ菌，腸管出血性大腸菌，エルシニア菌，微好気性菌であるカンピロバクター属菌など多くの食中毒菌が，酸素がないか酸素濃度が低い状態で増殖可能であるため，低酸素状態，真空状態でも注意が必要である。真空包装（真空パック）などに加え，加熱して煮込んだカレーやシチューなども低酸素状態となる。ウェルシュ菌やボツリヌス菌などのクロストリジウム属は芽胞を形成して加熱にも耐える場合がある。

3　脂質の酸敗

　脂質を多く含む食品を空気中で長期間保存，または加熱すると脂質が着色，異臭を生じ，品質が低下する。これを酸敗，変敗といい，微生物が関与しない変質をいう。

1 酸敗の機序

　脂質の構成脂肪酸，特に不飽和脂肪酸を含む脂質（LH）は，熱，光，紫外線などの影響により水素が脱離して脂質ラジカル（L・）を形成する。このラジカルが空気中の酸素と反応して脂質ペルオキシラジカル（LOO・）になる。さらに他の不飽和脂肪酸と反応し，フリーラジカルを生じるほか，脂質ヒドロペルオキシド（過酸化物：LOOH）が生成される。この反応は自動的，連続的に起きるので，自動酸化という。熱酸化も自動酸化と同様に，ラジカル連鎖反応により促進する。過酸化物は重合，開裂，酸化，脱水などの反応により，カルボニル化合物，短鎖脂肪酸，アルデヒド，エステル，酸化重合体などの 2 次生成物に変化し，異臭，着色，粘度の上昇がみられる。過酸化物は吸収されにくく，消化管に障害し，下痢や腹痛，発がんや老化の促進作用がある。他に，油脂を含む食品や食品素材ではリポキシゲナーゼなどによる酸化酵素による酸敗もある。

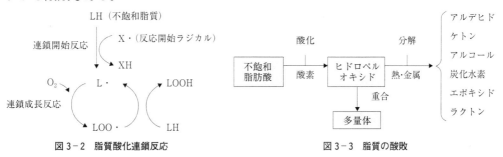

図3-2　脂質酸化連鎖反応　　　　　図3-3　脂質の酸敗

4　酵素による変質

　変質に伴う着色反応では，食品中に含まれるポリフェノールオキシダーゼなどの作用により，ポリフェノール類が酸化され，引き続く重合反応により各種の褐色色素（メラニン色素）が形成される。この反応を酵素的褐変反応と呼ぶ。

　植物に含まれるクロロフィルは，酸や熱などによるマグネシウムの離脱とクロロフィラーゼによる反応で，褐色のフェオフォルバイド（フェオフォルビド）を形成する。フェオフォルバイドは光過敏症の原因物質である。

5　酸素による変質

　食品は酸化により変質して，退色したり，着色したり，風味を損なったりする。退色や着色は，主に，食品成分中のアントシアニン，クロロフィル，ミオグロビンなどの色素が変化したり，酸化したポリフェノールが重合して色素を形成したりすることによる。また，油脂の酸化も風味が劣化する。酸素による酸化は，高温ほど早く進行

するが，-20℃でも十分に進行するため，温度によるコントロールではなく，脱酸素剤の封入が有効となる。

6 光による変質

光の影響により，クロロフィルやアントシアニンなど食品中の色素が破壊されて変色したり，不飽和脂肪酸が劣化してアルデヒド類（脂肪族カルボニル化合物）などが産生し異臭を生じる。特に，254 nm 付近の紫外線は，二重結合を直接に破壊してラジカルを発生させる。また，450 nm 付近の可視光線は，食品中でラジカルを補足して油脂の酸化防止に寄与するリボフラビンなどを破壊し，食品の酸価や過酸化物価の指数を上昇させる。このような反応は，酸素が供給される開放系でより速く進行するが，温度はあまり影響しない。

7 食品の成分間反応

食品の成分は非常に複雑で多岐にわたるため，さまざまな成分反応が起こる可能性が考えられる。現在，確認されている成分間反応をいくつか紹介する。

食品中のペプチドやたんぱく質とグルコースなどの還元糖が反応して，メラノイジンと呼ばれる褐色の物質が生成する。この反応は，遊離アミノ酸やたんぱく質のアミノ基と，還元糖のカルボニル基が縮合反応を起こすことから，アミノ・カルボニル反応（メイラード反応）と呼ばれている。アルカリ性や高温で促進される。

食品中に含まれる糖類が加熱されることでカラメルと呼ばれる褐色物質が形成される反応を，カラメル反応と呼ぶ。着色の程度は，食品中の還元糖の濃度との関連が報告されている。

食品中のジメチルアミンなどの2級アミンと，食品中の硝酸塩が微生物の作用などにより還元されて亜硝酸塩となったもの，もしくは食品添加物として加えられた亜硝酸塩が反応して，ニトロソ化合物が形成される場合がある。

食品を直火や高温で加熱加工した際，食品中に含まれるアスパラギンとブドウ糖などの還元糖とが反応してアクリルアミドが生成されたり，食品中に含まれる芳香環を有する化合物が縮合してベンゾピレンなどの多環芳香族炭化水素（polycyclic aromatic

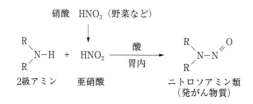

hydrocarbons（PAHs））が産生されたりする場合がある。また，加熱加工した食品には，食品中のさまざまな成分から生じたと考えられる芳香族化合物フランが含まれている。

　焼け焦げによる変異原性物質に，トリプトファンやグルタミン酸の加熱により生成する Trp-P-1 や Glu-P-1 などがある。加熱温度が 200 ℃ 以上のときに生成し，DNA に作用し突然変異を誘発する可能性がある。

　不飽和脂肪酸を含む加工油脂などには，本来シス型である不飽和脂肪酸から生じたトランス脂肪酸が少量含まれている可能性が指摘され，塩素とプロパノールが化合したクロロプロパノール類などが微量に含まれている可能性もある。

8 ┃ 昆虫や小動物による被害，汚染

　食品中の異物として分析された昆虫では，ガとハエの検出数が多く，次いでゴキブリ，そしてコウチュウ，ハチ，カメムシ，クモなどである。特に貯蔵された食品は，これらの昆虫により被害を受けて劣化する。

　チョコレート，米，小麦粉などを食害するチャマダラメイガは，メスの成虫が食品の香気に誘引されて貯蔵食品付近に侵入して産卵し，孵化した幼虫も食害を与える。ノシメマダラメイガの幼虫は，プラスチック容器のピンホールや，ワンタッチキャップ容器の蓋が閉まった状態でも容器内に侵入できる。タバコシバンムシの孵化幼虫もポリエチレンフィルムやクラフト紙のピンホールから容器内に侵入でき，ナガシンクイムシやコクゾウムシの成虫，コクヌスト，コクヌストモドキの成虫や幼虫，ノシメマダラメイガやコナマダラメイガの幼虫は，20 μm 程度の厚みのポリエチレンフィルムに穿孔し容器内に侵入できる。

　食品販売店などでは，ネズミによる食品の被害が報告されている。都内のビルに生息するネズミの1割が食中毒菌に罹患しており，ネズミにかじられたような食品は食さないことである。

参考文献

加藤保子・中山勉編著『食品学Ⅰ（食品の化学・物性と機能）』南江堂，2007

菅家祐輔編著『簡明食品衛生学』光生館，2006

種村安子ほか著『イラスト食品学総論』東京教学社，2001

宮澤宏・荒井賢一・竹内裕子・上原久美子著「食品等への異物混入の現状―平成 14 年の検査結果の分析」『家屋害虫』25（1），2003，pp.7 - 12

安田和男編著『食品の安全と衛生』樹村房，2008

吉川翠著「食品の虫類混入事例（東京都）」『家屋害虫』23（2），2002，pp.88 - 97

食品の包装

1. 包装の役割について述べる。
2. 包装素材について述べる。
3. 食品包装技術について述べる。

1 包装の役割

　食品包装の役割は大きく3つに分けられる。1つ目は，外環境由来の物理的，生物的刺激から食品を保護し，その品質劣化を防ぐことである。つまり，食品を衝撃や振動から保護し，熱，光，酸素などによる食品の退色や酸化を防ぎ，内部からの水分蒸発や外部からの吸湿を遮断する。さらに微生物や小動物の侵入，異物混入を防止する。

　2つ目は，食品の輸送，保管などの能率の向上である。包装により食品の貯蔵効果は増強し，長距離の輸送が可能となる。さらに包装により作業性が向上し，食品の流通が促進される。

表4-1 食品包装の役割

食品の種類	変敗の主因	包装の果たす役割	備考
野菜・果実類	呼吸作用・蒸散作用	・取り扱いの便宜と衛生 ・呼吸・蒸散作用の抑制	呼吸・蒸散作用をおさえすぎると，かえって速やかに変敗する
穀類	カビ・害虫の増殖	・取り扱いの便宜と衛生 ・防湿	炭酸ガス置換包装の効果大
食肉・魚介類	細菌の増殖	・取り扱いの便宜と衛生	不活性ガス置換包装の効果あり
乾燥食品	カビの増殖 脂質の酸化	・防湿，酸化防止 ・取り扱いの便宜と衛生	遮光，不活性ガス，置換包装，乾燥剤・脱酸素剤の封入，真空包装の効果大
冷凍食品	乾燥 脂質の酸化	・乾燥防止，酸化防止 ・取り扱いの便宜と衛生	真空包装，脱酸素剤の封入の効果あり
その他の加工食品	微生物の増殖	・取り扱いの便宜と衛生 ・好気性菌の増殖抑制	真空包装，包装後再加熱の併用の効果あり．包装前の殺菌・無菌充填包装の併用の効果大

資料：松本博ほか著『図解食品加工学』医歯薬出版，1988, p.206 より

第 4 章　食品の包装　**29**

　そして，3つ目は食品の商品価値の向上，購入時における食品情報提示の役割である。包装材への印刷により，食品成分の表示やデザインによる区別化を行う。それぞれの食品においてその包装の役割はさまざまである。

2 ┃ 包装素材

　植物の葉や木材，紙，布，陶磁器，金属，ガラス，プラスチック素材まで多くの素材がその用途に合わせて包装素材として利用されている。さらにそれぞれの素材は一長一短があるため，食品包装には，複数の素材を組み合わせたものも使用されている。

❶ 金属

　缶詰食品などの包装容器として使用されている。金属は複雑な形状に加工でき，熱伝導がよく，耐熱性が高い。また，遮光性に優れている。酸や塩類に弱く，変色や金属の溶出などの欠点もあるが，缶の内側にコーティングを施すことでこれらの欠点も解消されている。鋼板に錫をメッキしたブリキ缶や鋼板に酸化クロムをメッキしたTFS（tin free steel）缶，アルミニウム缶が用いられている。また，レトルト食品，菓子類，乳製品には，紙やプラスチックなどとアルミニウム箔を積層し，ラミネートしたものが用いられている。

❷ 木材

　主に木箱や樽として使用されている。材料の入手が容易で，強度に優れている。焼却処分が可能である。

❸ 紙

　容器や袋，包みなど広く使用されている。紙は多くの種類があるがクラフト紙，グラシン紙，レーヨン紙などが食品の包装に用いられている。紙は印刷が容易で，軽く，遮光性がある。焼却処分やリサイクルにも適している。外装材としては，ダンボールが定着している。耐水性や気密性の低さを補うために，プラスチック素材などとラミネートしたものも使用されている。

❹ セロファン

　菓子類の包みなどに使用されている。再生セルロースで，ビスコースをフィルム状に成形したものである。透明で印刷が容易である。防湿性が低いため，アルミニウム箔や紙と同様に，プラスチック素材などとラミネートし，防湿性を高めたものも使用されている。

5 ガラス

ビンとして液体などの容器に使用されている。主成分である珪酸に，酸化ナトリウム，酸化鉛，酸化マグネシウムなどを混合溶解してつくられる。透明で化学的に安定であり，洗浄や滅菌が容易，リユース，リサイクルが可能である。重い，衝撃に弱い，急激な温度変化に脆いなどの欠点もあるが，表面をプラスチックでコーティングして強化したものや組成成分の混合割合を変えることで耐熱ガラスなどもつくられている。また，光の透過性を下げるために褐色などに着色したものも用いられている。

6 プラスチック

食品包装材料として多くの種類が広く，さまざまな容器として使用されている。主に石油を原料として生成された重合高分子である。プラスチックは，軽く，加工がしやすく，化学的に安定である。種類が多いため，目的に合った包装が可能である。プラスチックの種類は，ポリエチレン（PE），ポリプロピレン（PP），ポリスチレン（PS），ポリ塩化ビニル（PVC），ポリ塩化ビニリデン（PVDC），ポリエチレンテレフタレート（PET），ポリアミド（PA），ポリカーボネート（PC）などがある。近年では，微生物により分解可能な生分解性プラスチックも開発されている。

表4-2　プラスチックの種類

ポリエチレン（PE）	防湿包装材，冷蔵・冷凍食品の包装材，レジ袋，食器など広く利用
ポリプロピレン（PP）	PEより透明性，耐熱性，防湿性に優れており，乾燥食品，生鮮食品利用
ポリ塩化ビニル（PVC）	食品用トレー，ラップフィルムとして生鮮食品の包装材として利用
ポリ塩化ビニリデン（PVDC）	家庭用ラップフィルム，ハムやソーセージのケーシングに利用
ポリスチレン（PS）	果物・野菜の包装，トレーやカップに成形利用，発泡スチロールとして利用
ポリアミド（PA）	ラミネートフィルムとしてレトルト食品，冷凍食品の包装に利用
ポリエステル（PET：ポリエチレンテレフタレート）	透明性，耐湿性，耐熱性，保香性に優れており，飲料容器に利用

7 複合材料

素材それぞれの欠点を補うために異なった素材を組み合わせて包装材料としたものである。材料表面を別の素材で覆ったもの（コーティング），2種類以上の素材を張り合わせて積層したもの（ラミネート），異なる素材を平行した2つ以上のスリットからフィルム状に押し出してつくるもの（共押し出）などがある。

3 ▌ 食品包装技術

食品の包装は，包装素材同様にそれぞれの食品に適した包装技術が用いられる。いくつかの代表的な食品包装技術を示す。

❶ 真空包装

包装容器内部から空気を除き，包装素材を食品表面に密着させる包装技術である。食品の酸化や好気性微生物の発育を抑制する。気体遮断性，防湿性に優れた素材が用いられる。

❷ ガス置換包装

食品包装内の空気を排除し，ガスを封入する包装技術である。食品の酸化や好気性微生物の発育を抑制する。真空包装では食品組織が変形してしまう場合などに有効である。使用するガスには，窒素ガスや炭酸ガスがある。窒素ガスはカビ類，酵母，好気性細菌の発育抑制効果が高い。炭酸ガスは好気性微生物の増殖阻害活性をもつ。炭酸ガスは水への溶解性が高いため，包装容器が食品へ密着し，真空包装のような形状になることがある。気体遮断性，防湿性に優れた素材が用いられる。

❸ 脱酸素剤封入包装

食品包装容器内に食品とともに脱酸素剤を包装する技術である。食品の酸化や好気性微生物の発育を抑制する。脱酸素剤封入包装は，包装容器内の酸素を取り除くだけでなく，食品組織内に存在している酸素や保存中に包装外から包装容器内に入ってきた酸素を取り除くことができる。

❹ 無菌包装（アセプティック包装）

無菌環境下で，滅菌した食品を別途殺菌した食品包装容器に充填包装する技術である。包装後の殺菌の必要がなく，熱による食品の品質劣化を防ぐ。また，耐熱性の低い包装材料が使用可能である。

❺ レトルト食品の包装

アルミ箔やポリプロピレンなどからなるラミネートフィルムでつくられた気密性の高いパウチや容器に食品を封入し，加圧蒸気釜（レトルト）で加圧加熱殺菌する包装技術である。常温流通が可能である。

参考文献

松本博代著『図解食品加工学』医歯薬出版，1988

吉田勉編『新食品加工学』医歯薬出版，1999

森孝夫編著『新　食品・栄養シリーズ　食べ物と健康 3 食品加工学』化学同人，2003

長澤治子編著『食べ物と健康　食品学・食品機能学・食品加工学』医歯薬出版，2005

國崎直道・川澄俊之編著『新版　食品加工学概論』同文書院，2009

加工食品の規格基準と表示

1. 食品表示の目的を説明する。
2. 消費期限と賞味期限について説明する。
3. アレルギー表示の義務について述べる。
4. 遺伝子組換え食品の表示について説明する。
5. 特別用途食品について説明する。

1　食品の表示と法律

1　食品の表示に関係する法律

(1) 食品表示法

　食品表示法の目的は，①食品を摂取する際の安全性の確保および自主的かつ合理的な食品の選択の機会を確保すること，②消費者の利益の増進を図り，国民の健康の保護・増進，食品の生産・流通の円滑化，消費者の需要に即した食品の生産振興に寄与することである。

　食品の表示は，これまで「食品衛生法」（昭和22年），「JAS法」（昭和25年），「健康増進法」（平成14年）の目的が異なる3つの法律からなり，複雑でわかりにくいものであった。このことから，2009（平成21）年9月1日，内閣府に消費者庁が発足し，食品衛生法，JAS法，健康増進法の表示規制にかかる事務を消費者庁が一元的に所掌，表示基準等の企画立案は消費者庁が担当し，執行業務は関係省庁と連携して実施するようになった。

　さらに，2015（平成27）年4月1日，新しい表示制度の「食品表示法」が施行され，3法に分かれていた食品の表示に係る規定を統合して一元化し，事業者にも消費者にもわかりやすい制度になった（図5-1）。主な変更点は，①アレルギー表示の一部改定，②加工食品の栄養成分表示の義務化，③新たな機能性表示食品制度の創設である。

　① アレルギー表示

　特定のアレルギー体質をもつ人の健康危害の発生を防止する観点から，容器包装された加工食品へ特定原材料を使用した旨の表示を義務付けている（表5-1）。

第5章　加工食品の規格基準と表示　**33**

法令	食品衛生法	JAS法	健康増進法	
目的	○飲食に起因する衛生上の危害発生を防止	○農林物資の品質の改善 ○品質に関する適正な表示により消費者の選択に資する	○栄養の改善その他の国民の健康の増進を図る	
表示関係	○販売の用に供する食品等に関する表示についての基準の策定及び当該基準の遵守　　等	○製造業者が守るべき表示基準の策定 ○品質に関する表示の基準の遵守　　等	○栄養表示基準の策定及び当該基準の遵守　　等	食品表示法に統合
表示関係以外	○食品，添加物，容器包装等の規格基準の策定 ○都道府県知事による営業の許可　　等	○日本農林規格（JAS規格）の制定 ○日本農林規格（JAS規格）による格付　　等	○基本方針の策定 ○国民健康・栄養調査の実施 ○特別用途食品に係る許可　　等	食品表示法施行後も各法律に残る

図5-1　食品衛生法，JAS法，健康増進法の3法の統合
資料：東京都「食品衛生実務講習会（表示講習）教材　食品表示法ができました！」2015

表5-1　アレルギー表示対象品目

表示義務	
特定原材料：8品目	卵，乳，小麦，えび，かに，そば，落花生，くるみ
表示奨励（任意表示）	
特定原材料に準ずるもの：20品目	アーモンド，あわび，いか，いくら，カシューナッツ，オレンジ，キウイフルーツ，牛肉，ごま，さけ，さば，大豆，鶏肉，バナナ，豚肉，マカダミアナッツ，もも，やまいも，りんご，ゼラチン

表5-2　アレルゲンの表示方法

【原則】個別表示	【例外】一括表示
原材料名　A，B（卵・豚肉を含む），C（大豆を含む）	原材料名　A，B，C（一部に卵・豚肉・大豆を含む）

資料：図5-1と同じ

　新基準では，個々の原材料の直後に括弧書きする方法である「個別表示」を原則とし，「マヨネーズ（卵を含む）」「焼きうどん（小麦を含む）」などと表示する必要がある。ただし，表示面積に限りがあり，一括表示でないと表示が困難な場合などは，例外的に原材料の直後にまとめて括弧書きする方法である「一括表示」が可能となっている（表5-2）。

② 栄養成分

　販売を供する食品に，栄養成分の含有量表示，栄養成分の機能を表示する場合には，栄養表示基準に従い必要な表示をしなければならない。

　含有量表示は，100 g，100 mL，1食分，1包装その他の1単位当たりの熱量および一般表示事項である栄養成分（たんぱく質，脂質，炭水化物，ナトリウム（食塩相当量））の量を表示する（表5-3）。

　13種類のビタミン（A，B_1，B_2，B_6，B_{12}，C，D，E，K，葉酸，ナイアシン，パントテン酸，ビオチン）と6種類のミネラル（亜鉛，カリウム，カルシウム，鉄，銅，

表5-3 栄養表示

義　務	エネルギー，たんぱく質，脂質，炭水化物，ナトリウム（食塩相当量）※
任意（推奨）	飽和脂肪酸，食物繊維
任意（その他）	糖類，糖質，コレステロール，ビタミン，ミネラル類

※ナトリウム量は食塩相当量で表示：ナトリウムを表示する場合は，ナトリウム量の次に「食塩相当量」を括弧書きで表示する。任意で食塩相当量（ナトリウム）の表示も可能としている。
ただし，ナトリウムの表示ができるのは，ナトリウム塩を添加していない食品に限定される。

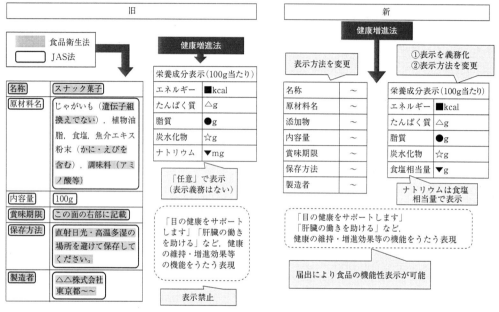

図5-2 栄養成分表示の変更
資料：図5-1と同じ

マグネシウム），n-3系脂肪酸については，栄養成分の機能が表示可能である。

食品表示法により消費者向けの包装された加工食品および添加物に栄養成分表示が義務化され，エネルギー，たんぱく質，脂質，炭水化物，食塩相当量の表示が義務付けられた（図5-2）。

③ 機能性表示食品

詳細は，「2.健康や栄養に関する表示」を参照のこと。

(2) 米トレーサビリティ法

米穀等の適正かつ円滑な流通を確保するとともに産地情報を伝達することを目的とする。米穀事業者等は，対象となる米穀等を一般消費者に販売または提供するときは，米穀の産地情報の伝達をしなければならない。対象品目は，米穀および米穀を原材料とする飲食品目で，飼料用，バイオエタノール原材料等の非食用は除く。

(3) 牛トレーサビリティ法

牛海綿状脳症（BSE）のまん延防止措置として，牛一頭ごとにその飼養履歴等に係

る情報を一元的に管理し，消費者に牛の個体情報を積極的に提供して，牛肉がどの牛から得られたかを確認できるようにした。牛個体識別台帳を作成し，牛ごとに個体識別番号，出生または輸入年月日，移動履歴等を記録するとともに，その情報を原則としてインターネットの利用その他の方法により公表している。

(4) その他の食品表示に関係する法律

景品表示法（虚偽，誇大な表示の禁止），不当競争防止法（不正な競争の防止），計量法（適正な計量の実施を確保），薬事法（医薬品，医薬部外品，化粧品及び医療機器に関する運用などを定めた法律）などがある。

2 食品表示基準

食品表示基準は，Ⅰ．総則，Ⅱ．加工食品，Ⅲ．生鮮食品，Ⅳ．添加物に分けられ，内閣府令第10号により定められている。食品の製造者，加工者，輸入者または販売者（食品関連事業者）に対して，食品表示基準の遵守が義務付けられている。

Ⅰ．総　則

(1) 期限表示

加工食品の期限表示には，「消費期限」と「賞味期限」が義務付けられている。1995（平成7）年に国際規格との整合性をとって製造年月日表示から期限表示に変更し，2003（平成15）年には食品衛生法とJAS法の統一を図った。現在はJAS法の考え方に基づき，統一・整理されている（図5-3）。

① 消費期限

製造または加工の日を含めておおむね5日以内に消費する必要のある食品（弁当，サンドイッチ，生めん等）に年月日で表示する。「加工年月日」「製造年月日」を弁当類に表示している場合があるが，弁当などの消費期限で表示する劣化の早い食品は「時間」も記載することが望ましい。容器におかずを詰めたときが加工年月日であり，おかずがつくられた日ではないので注意する。

消費期限（Use-by date）	賞味期限（Best-before）
安全を保証する	安心を保証する
・期限を過ぎたら食べない方がよい	・おいしく食べることができる期限
	・この期限を過ぎても，すぐ食べられないということではない

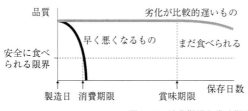

＊期限表示は，開封前の期限が表示されているので，一度開封した食品は，表示されている期限にかかわらず，早めに食べるようにする

図5-3　消費期限と賞味期限

36　第1部　理論

②　賞味期限

　おいしく食べられる期間で，スナック菓子，カップめん，缶詰等に表示する。3カ月を超えるものは年月または年月日で表示し，3カ月以内のものは年月日で表示する。「賞味期限」は期限を超えた場合であっても品質には問題はない。

⑵　遺伝子組換え表示

　遺伝子組換え食品の表示は，8種類の農産物とその加工食品33食品群を対象に（表5-4），「遺伝子組換えのものを分別」「遺伝子組換え不分別」等の表示が義務付けられている。「遺伝子組換えでないものを分別」「遺伝子組換えでない」との表示は任意表示となっている（表5-5）。

　「遺伝子組換えでないものを分別」などと表示するためには，分別生産流通管理が必要である。この分別生産流通管理とは，農場から食品製造業者まで生産，流通，加工の各段階で遺伝子組換えでない農産物を，遺伝子組換え農産物との混入が起こらな

表5-4　遺伝子組換え食品の表示（平成25年1月23日）

義務表示対象農産物	加工食品（33食品群）
大豆	15食品群
とうもろこし	9食品群
ばれいしょ	6食品群
アルファルファ	1食品群
てん菜	1食品群
なたね	全原材料中，重量が上位3品目以内かつ5％以上
綿実	
パパイヤ	1食品群

表5-5　遺伝子組換え食品の表示方法

◆従来のものと組成，栄養価等が同等のもの（除草剤の影響を受けない大豆，害虫に強いとうもろこしなど）		
① 農作物およびこれを原材料とする加工食品であって，加工後も組み換えられたDNAまたはこれによって生じたたんぱく質が検出可能とされているもの（表5-10に該当するもの）		
義務表示	分別生産流通管理が行われた遺伝子組換え農産物を原材料とする場合	例：「大豆：（遺伝子組換えのものを分別)」
	遺伝子組換え農作物と非遺伝子組換え農作物が分別されていない農作物を原材料とする場合	例：「大豆：（遺伝子組換え不分別)」
任意表示	分別生産流通管理が行われた非遺伝子組換え農産物を原材料とする場合	例：「大豆：（遺伝子組換えでないものを分別，遺伝子組換えでない)」
② 組み換えられたDNAおよびこれによって生じたたんぱく質が，加工後に最新の検出技術によっても検出できない加工食品（大豆，しょうゆ，コーン油，異性化液糖など）		
任意表示		例：「大豆：（遺伝子組換えでないものを分別)」
◆従来のものと組成，栄養価等が著しく異なるもの（高オレイン酸大豆，高リシンとうもろこし，高ステアリドン酸産生大豆)		
義務表示		例：「大豆：（高オレイン酸遺伝子組換え)」など

資料：消費者庁「早わかり食品表示ガイド」平成27年11月版より

いように管理し，そのことが書類で証明されていることをいう。

Ⅱ. 加工食品

加工食品は容器に入れ，または包装されたものが対象となる（表5-6）。また，「原料原産地名」の表示が義務付けられているもの（表5-7）がある。

Ⅲ. 生鮮食品

生鮮食品の食品表示基準は表5-8の通りで，原産地表示の義務が課せられる。

Ⅳ. 添加物

原則として，使用したすべての食品添加物を「物質名」（名称別名，簡略名，類別

表5-6 加工食品の食品表示基準

加工食品	麦類，粉類，でん粉，野菜加工品，果実加工品，茶・コーヒーおよびココアの調整品，香辛料，めん・パン類，穀類加工品，菓子類，豆類の調整品，砂糖類，その他の農産加工食品，食肉製品，酪農製品，加工卵製品，その他の畜産加工食品，加工魚介類，加工海藻類，その他の水産加工食品，調味料およびスープ，食用油脂，調理食品，その他の加工食品，飲料等
表示義務	名称，保存方法，消費（賞味）期限，原材料名，添加物，内容量（固形量）および内容総量，栄養成分量および熱量，食品関連事業者の氏名（名称）および住所，製造所（加工所）の所在地および製造者（加工者）の氏名（名称）
一部の食品における表示義務	アレルゲン表示，アスパルテームを含む食品の表示，特定保健用食品の表示，機能性表示食品の表示，遺伝子組換え農作物とその加工食品の表示，乳児用規格適用食品の表示，原料原産地名の表示，原産国名（輸入品）

表5-7 原料原産地名の表示が必要な加工食品とその食品表示基準

加工食品	表示事項
乾燥きのこ類と乾燥野菜および乾燥果実，塩蔵したきのこ類・塩蔵野菜および塩蔵果実，ゆでまたは蒸したきのこ類・野菜および豆類ならびにあん，異種混合したカット野菜・異種混合したカット果実その他の野菜，果実およびきのこ類を異種混合したもの，緑茶および緑茶飲料，もち，いりさや落花生・いり落花生・あげ落花生およびいり豆類，黒糖および黒糖加工品，こんにゃく，調味した食肉，ゆでまたは蒸した食肉および食用鳥卵，表面をあぶった食肉，フライ種として衣をつけた食肉，合挽肉その他異種混合した食肉，素干魚介類・塩干魚介類・煮干魚介類およびこんぶ・干のり・焼きのりその他干した海藻類，塩蔵魚介類および塩蔵海藻類，調味した魚介類および海藻類，こんぶ巻，ゆでまたは蒸した魚介類および海藻類，表面をあぶった魚介類，フライ種として衣をつけた魚介類，生鮮食品を異種混合したもの，農産物漬物，野菜冷凍食品，うなぎ加工品，かつお削りぶし	名称，保存方法，消費（賞味）期限，原材料名，添加物，内容量（固形量）および内容総量，栄養成分量および熱量，食品関連事業者の氏名および住所，製造所（加工所）の所在地および製造者（加工者）の氏名または名称等

表5-8 生鮮食品の食品表示基準

	食品	表示事項
農産物	米穀，麦類，雑穀，豆類，野菜，果実，その他の農産食品	名称，原産地 等
水産物	魚類，貝類，水産動物類，海産哺乳動物類，海藻類	名称，原産地 等
畜産物	食肉，乳，食用鳥卵，その他の畜産食品	名称，原産地 等
玄米及び精米（容器包装に入れられたものに限る）	玄米，精米，もち精米，うるち精米，原料玄米	名称，原料玄米，内容量，調製年月日・精米年月日または輸入年月日，食品関連事業者などの氏名または名称・住所および電話番号

38　第1部　理　論

表5-9　添加物表示

一括名で表示可	イーストフード，ガムベース，かんすい，酵素，光沢剤，香料，酸味料，調味料，豆腐用凝固剤，苦味料，乳化剤，pH調整剤，膨脹剤，軟化剤 　例：飲み下さないガムベース，通常は多くの組み合わせで使用され添加量が微量である香料，アミノ酸のように食品中にも常在成分として存在するものなど
用途名も併記	甘味料，着色料，保存料，増粘剤，酸化防止剤，発色剤，漂白剤，防かび剤 　例：甘味料（サッカリンNa），着色料（赤色3号），保存料（ソルビン酸）
表示免除	加工助剤（例：次亜塩素酸を食品の殺菌剤として使用した場合），キャリーオーバー（例：せんべいに使用されるしょうゆに含まれる保存料），栄養強化剤（例：ビタミンA，乳酸カルシウム）

表5-10　添加物の表示方法

旧基準

原材料名	小麦粉，砂糖，食塩，膨張剤，香料

資料：図5-1と同じ

➡ 新基準（表示の一例※）

原材料名	小麦粉，砂糖，食塩
添加物	膨張剤，香料

※このほかに，添加物の項目を設けず，原材料名欄に記号（スラッシュなど）で区分して表示したり，改行して区分したりする方法がある

名も可）で食品に表示する（表5-9）。

　新基準では，添加物と添加物以外の原材料がわかるように，例えば「添加物」の項目名を設けて表示するなどして，明確に区分して表示するようになった（表5-10）。

　また，一般消費者向けに提供される添加物は「内容量」，「食品関連事業者の氏名又は名称及び住所」の表示が義務化され，業務用として販売される添加物は「食品関連事業者の氏名又は名称及び住所」の表示が義務化された。

2 ■ 健康や栄養に関する表示

　保健機能食品制度は，いわゆる健康食品のうち，一定の条件を満たした食品を「保健機能食品」と称することを認める表示の制度である。保健機能食品制度に関する業務は，2009（平成21）年9月1日に厚生労働省より消費者庁に移管された。

　これまで健康の維持・増進をうたえる食品は特定保健用食品と栄養機能食品とのみであったが，2015（平成27）年4月より，企業の責任で科学的根拠に基づきこれらを表示できる第三の制度として，機能性表示食品制度が新設された（図5-4）。

❶ 特定保健用食品

　健康の維持・増進に役立つことが科学的に根拠に基づいて認められ，「コレステロールの吸収を抑える」など機能性の表示が許可されている食品である。表示されている効果や安全性については国が審査を行い，食品ごとに消費者庁長官が許可を出している（規格基準型を除く）。

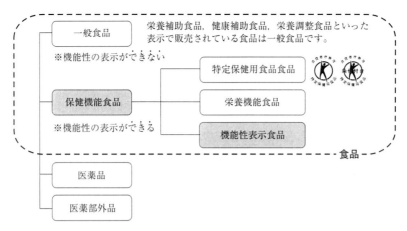

図5-4 「食品」の分類
資料：消費者庁「機能性表示食品って何？」消費者向けパンフレットより

表5-11 保健機能食品の概要

	特定保健用食品	栄養機能食品	機能性表示食品
制度	個別許可型，規格基準型（国が安全性，有用性を評価）	規格基準型（自己認証）	届出型（一定要件を満たせば事業者責任で表示）
表示	構造・機能表示，疾病リスク低減表示 例）おなかの調子を整えます	国が定めた栄養機能表示 例）カルシウムは骨や歯の形成に必要な栄養素です	事業者の責任で構造・機能表示 例）目の健康をサポート
	評価が個人の自覚による「疲労」「免疫」などの表示は認められない	骨，歯，皮膚などの部位に対する定められた栄養成分の機能を表示できる	「目」「脳」など効果を示す部位を表示できる
対象成分	食物繊維，オリゴ糖，ペプチド，乳酸菌など多数	ビタミン13種[*1]，ミネラル6種[*2]，n-3系脂肪酸[*3]	ビタミン・ミネラルや成分を特定できないものは除く，機能性関与成分が明確である食事摂取基準が定められた栄養素は除く
対象食品	加工食品，生鮮食品，錠剤・カプセル状食品	加工食品，生鮮食品，錠剤カプセル状食品	加工食品，生鮮食品，錠剤カプセル状食品
許可証票	あり	なし	なし

ビタミンK（*1），カリウム（*2），n-3系脂肪酸（*3）が追加された

2 栄養機能食品

1日に必要な栄養成分（ビタミン，ミネラルなど）が不足しがちな場合，その補給や補完のために利用できる食品である（表5-13）。すでに科学的根拠が確認された栄養成分を一定の基準量含む食品であれば，国への届けなしに，国が定めた表現によって機能性を表示できる。

表5-12　保健機能食品の表示義務事項

特定保健用食品	商品名，許可証票又は承認証票，許可等を受けた表示の内容，栄養成分量及び熱量，原材料名及び添加物の表示，特定保健用食品である旨（条件付き特定保健用食品にあっては，条件付き特定保健用食品である旨），内容量，摂取する上での注意事項，1日当たりの摂取目安量，1日の摂取目安量に含まれる当該栄養成分の当該栄養素等表示基準値に対する割合，摂取・調理又は保存の方法に関し特に注意を必要とするものにあってはその注意事項，許可等を受けた者が製造者以外の者であるときはその許可等を受けた者の営業所所在地及び氏名（法人にあっては，その名称），消費期限又は賞味期限・保存の方法・製造所所在地及び製造者の氏名，バランスの取れた食生活の普及啓発を図る文言
栄養機能食品	栄養機能食品である旨及び栄養成分の名称，栄養成分の機能，栄養成分量及び熱量，1日当たりの摂取目安量，摂取の方法及び摂取する上での注意事項（注意喚起表示），1日当たりの摂取目安量に含まれる機能表示する成分の栄養素等表示基準値に占める割合，調理又は保存の方法に関し注意を必要とするものはその注意事項，バランスの取れた食生活の普及啓発を図る文言，消費者庁長官の個別の審査を受けたものではない旨
機能性表示食品	機能性表示食品である旨，科学的根拠を有する機能性関与成分及び該当成分または該当成分を含有する食品が有する機能性，栄養成分の量及び熱量，1日当たりの摂取目安量当たりの機能性関与成分の含有量，1日当たりの摂取目安量，届出番号，食品関連事業者の連絡先，機能性及び安全性について国による評価を受けたものでない旨，摂取の方法，摂取をする上での注意事項，バランスのとれた食生活の普及啓発を図る文言，調理または保存の方法に関し特に注意を必要とするものにあっては当該注意事項，疾病の診断・治癒・予防を目的としたものでない旨，疾病に罹患している者・未成年者・妊産婦及び授乳婦に対して訴求したものでない旨・疾病に罹患している者は医師・医薬品を服用している者は医師・薬剤師に相談した上で摂取すべき旨，体調に異変を感じた際は速やかに摂取を中止し医師に相談すべき旨

表5-13　栄養機能食品

・栄養成分機能が表示できるものとして，新たにn-3系脂肪酸，ビタミンKおよびカリウムが追加された。
・鶏卵以外の生鮮食品についても，栄養機能食品の対象範囲とする。
・次の事項の記載が新たに必要。
① 栄養素等表示基準値の対象年齢，基準熱量に関する文言。
② 特定の対象者(疾患に罹患している者，妊産婦等)に対し注意を必要とするものは，当該注意事項が必要。
③ 栄養成分の量及び熱量を表示する際の食品単位は，1日当たりの摂取目安量あたりの成分値を記載。
④ 生鮮食品栄養成分の機能を表示する場合，保存の方法を表示

③ 機能性表示食品

　事業者の責任において，科学的根拠に基づいた機能性の表示をした食品である。販売前に，消費者庁への安全性および機能性の根拠に関する情報などの届出が必要である。ただし，特定保健用食品とは異なり，消費者庁長官の個別の許可を受けたものではない。

④ 特別用途食品

　特別用途食品とは，乳児，幼児，妊産婦，病者などの発育，健康の保持・回復などに適するという特別の用途について表示する。特別用途食品として食品を販売するには，その表示について国の許可を受ける必要がある。

　特別用途食品には，病者用食品，妊産婦・授乳婦用粉乳，乳児用調製粉乳およびえん下困難者用食品がある。表示の許可に当たっては，許可基準があるものについてはその適合性を審査し，許可基準のないものについては個別に評価を行っている。

健康増進法に基づく「特別の用途に適する旨の表示」の許可には特定保健用食品も含まれる。

⑤ 栄養強調表示

食品表示法により変更された（表5-14）。

低減された旨の表示（熱量，脂質，飽和脂肪酸，コレステロール，糖類およびナトリウム）および強化された旨の表示（たんぱく質および食物繊維）には，基準値以上の絶対差（「100g当たり○mg以上」など）に加え，新たに25％以上の相対差が必要である。相対差の特例として，ナトリウムの低減された旨の表示にみそ（15％以上），しょうゆ（20％以上）がある。

また，強化された旨の表示をする場合(ナトリウムを除くミネラル等，ビタミン類)には，強化された旨の基準値以上の絶対差が必要となる。

さらに，糖類無添加，ナトリウム塩無添加に関する強調表示は，一定の要件を満たす必要がある。絶対表示（高～，～含有，～ゼロ，～控えめなど）と相対表示（～倍，～％カットなど）がある。

表5-14 栄養強調表示

強調表示の種類	補給ができる旨の表示（多いことを強調）			適切な摂取ができる旨の表示（少ないことを強調）		
	高い旨	低い旨	強化された旨	含まない旨	低い旨	低減された旨
	絶対表示		相対表示	絶対表示		相対表示
強調表示に必要な基準	・基準値以上であること		・基準値以上の絶対差 ・相対差(25％以上)※ ・強化された量(割合)及び比較対象品名を明記	・基準値未満であること		・基準値以上の絶対差 ・相対差(25％以上) ・低減された量(割合)及び比較対象品名を明記
強調表示の表現例	・高○○ ・△△豊富 ・××多く含む	・○○含有 ・△△入り ・××源	・○○30％アップ ・△△2倍	・無○○ ・△△ゼロ ・ノン×× ・☆☆フリー	・低○○ ・△△控えめ ・××ライト	・○○30％カット ・△△～gオフ ・××ハーフ
該当する栄養成分	たんぱく質，食物繊維，ミネラル（ナトリウムを除く），ビタミン類			熱量，脂質，飽和脂肪酸，コレステロール，糖類，ナトリウム		

※強化された旨の相対差（＞25％）は，たんぱく質および食物繊維のみに適用

資料：図5-1と同じ

第 2 部

実　習

44　第2部　実習

1 穀類の加工
麹
<ruby>こうじ</ruby>

① 製麹

　麹は，米，大麦，だいずなどの原料に麹菌（*Aspergillus oryzae* など）を繁殖させたもので，原料のでんぷんをα化させ，たんぱく質の変性を行い，麹菌を種付けして製麹する。麹菌の生産する酵素（アミラーゼ，プロテアーゼなど）の作用により，基質のでんぷん分解やたんぱく質の低分子化（糖やアミノ酸）を行い，これを利用してわが国の伝統的な食品であるみそやしょうゆ，清酒などが製造されている。

[原材料] ◆◆◆

　米 3 kg，種麹 適量

[器　具] ◆◆◆

　ボウル，ざる，蒸し器(オートクレーブ)，麹蓋(角かご)，さらし布，恒温恒湿器

[操作手順] ◆◆◆

⑴　洗米・浸漬：白米は水洗し，ほこりやぬか層を除去して，浸漬（夏期：8 〜 10時間，冬期：20 時間）吸水させる。

⑵　水切・蒸煮：1 時間水切りし，蒸し器で蒸す（蒸気がたってから 30 分間蒸す）。

⑶　冷却・引込：蒸米をさらし布の上に広げて冷却（35〜40 ℃）する（握ったら固まるが，ほぐすとバラバラになるのがよい）。

⑷　種付・床もみ：種麹（胞子）を散布し，強くもむ。

⑸　引込：種付けしたものをさらし布でくるみ，乾燥を防ぐためポリ袋に入れ，かごに入れて 30 ℃の恒温器に入れる。

⑹　切返：約 15 〜 20 時間後に，菌糸の生育状態（米粒全体に部分的に破精が見える）を確認し，よく混ぜる。

⑺　盛：麹蓋に布を敷き，米粒を盛り付ける。

⑻　手入：麹菌が旺盛に繁殖すると発酵熱のために品温が上昇するので，品温を下げ，余分な水分を蒸散させる目的で，均一になるように混ぜて外気により品温を 30 ℃くらいに下げる。この作業は 2 〜 3 時間ごとに繰り返し，品温が 38 ℃以上にならないよう気をつける（麹菌は 30 ℃で最も繁殖するが，品温が上がってしまうと雑菌の繁殖につながるので注意を要する）。

⑼　積替：麹蓋の上下を入れ替えて温度等の均一化をはかる。

⑽　出麹：発酵時間約 48 時間で麹となる。

　＊恒温恒湿器がない場合は，電気毛布などを利用して温度を一定に保つようにする。

　＊麹蓋の代わりに角かご（角ざる）を用いてもよく，通気性がよくなり発酵熱のこもるのを緩慢にすることができる。

❷ 塩麹

塩麹は，麹と食塩，水を混ぜて発酵，成熟させた日本の伝統的な調味料で，発酵食品であるみそやしょうゆの製造工程では，昔から麹に食塩を添加した塩切麹が利用されている。麹中の耐塩性酵素を利用して肉，魚，野菜の麹漬けに用いられている。

[原材料]

麹 300 g，食塩 100 g，水 300 g

[器　具]

容器（タッパーウエアなど），恒温恒湿器

[操作手順]

(1) 分散：麹をパラパラになるようにほぐす。
(2) 混合：麹と食塩を容器に入れ，水を入れ，よく混ぜる。
(3) 熟成：35 ℃の恒温器に1週間入れ，1日1回混ぜる。
(4) 製品：麹がとろりとなったら製品となる。

[参　考]

塩麹は，冷蔵庫で半年くらいは保存できる。肉や魚を塩麹で漬けることにより麹の酵素がはたらき，肉質が柔らかくなる。また，野菜を漬けることにより甘味が増す。麹の酵素はたんぱく質を分解するプロテアーゼ，でんぷんを分解するアミラーゼ，脂質を分解するリパーゼなどが存在する。

製麹温度と酵素力

培養温度	α-アミラーゼ	グルコアミラーゼ	酸性プロテアーゼ	酸性カルボキシペプチダーゼ
30 ℃	弱い	弱い	強い	強い
35 ℃	弱い	やや弱い	やや強い	強い
40 ℃	強い	強い	弱い	弱い

麹菌の増殖と製麹条件

	発芽	生育
温　度	30～35 ℃が適当	37～38 ℃が最適
環境湿度	97 %以上が最適	80 %以下で遅れる
酸素濃度	20 %前後が適当	0.2～20 %でほとんど変わらない
炭酸ガス濃度	0.1 %程度が適当	10 %以上で遅れる
蒸米水分	多いほど早い	多いほど早い

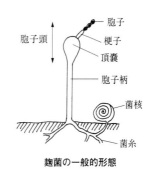

麹菌の一般的形態

[学習のポイント]

1．麹を原料とする発酵食品を知る。
2．麹に使われる麹菌の性質について知る。
3．麹の主な酵素をあげ，酵素のはたらきを考える。

46 第2部 実習

1 穀類の加工　甘酒

　甘酒は，日本独特の甘味飲料で，飯または粥に米麹を加えて加温し，甘味を生じさせたものであり，酵母によるアルコール発酵はない。麹菌 *Aspergillus oryzae* のアミラーゼが米のでんぷんをデキストリン，麦芽糖，ブドウ糖に糖化することで甘味が生じる。糖化作用の最適温度は 55 ℃ 付近である。50 ℃ 以下では糖化が遅く，また乳酸菌や酢酸菌，酵母などが繁殖して酸味やアルコールを生じる恐れがある。炊飯直後から 65 ℃ 以上の高温ではアミラーゼが失活し糖化が起こらなくなるので，麹を加えないように注意する。製造法には，蒸米を使用する硬造りと飯や粥を使用する軟造りがあり，本法は後者である。

[原材料] ◆◆◆

　米麹 400 g，白米（うるち米またはもち米）300 g，水

　＊白米：米麹＝およそ 1：1〜1.5 の割合

[器　具] ◆◆◆

　炊飯器，ボウル，木じゃくし，温度計，ラップ，鍋

[操作手順] ◆◆◆

⑴　水洗・浸漬：白米をよく水洗し，15〜24 時間浸漬する。

⑵　炊飯：炊飯器で粥を炊く。白米 300 g（2 合）を 6 合の目盛りの水加減で炊く。

⑶　放冷：ボウルに炊飯した粥を熱いうちにあけて約 60 ℃ まで放冷する。米麹はよくほぐしておく。

⑷　混合：米麹を加えて木じゃくしで十分に混ぜる。

⑶　糖化：恒温器（55 ℃）で 15〜24 時間保温して糖化させる。

⑷　殺菌：糖化終了後，2〜3 分間煮沸殺菌して冷却する。

[参　考] ◆◆◆

　甘酒はビタミン B₁，ビタミン B₂，ビタミン B₆，葉酸，食物繊維，オリゴ糖，アミノ酸，ブドウ糖が含まれており，飲む点滴ともいわれる。冬季に温めて飲むことが多い。

[学習のポイント] ◆◆◆

1．アミラーゼによるでんぷんの分解について知る。

2．甘酒と清酒の関係について調べる。

3．その他の微生物の酵素のはたらきを利用した食品について調べる。

パン

1 穀類の加工

　パンとは，小麦粉またはライ小麦を主原料とし，これに水，食塩，膨化剤を加え混捏して生地（ドウ）をつくり，二酸化炭素を保持させ膨化，焼成したものである。

　小麦粉は水を加えて捏ねると粘弾性のある生地を形成する。これは，分子量の大きい弾性の繊維状たんぱく質であるグルテニンの間に，分子量の小さい粘性のグリアジンが入り込むような形でグルテンを形成するためと考えられている。小麦の主要たんぱく質であるグリアジンとグルテニンが水を吸収して膨潤し，混捏されることにより，分子間内に疎水結合，水素結合，イオン結合，ジスルフィド結合などの非共有結合が生じ，網目構造が形成される。焼成後のパンの焼き色はアミノ・カルボニル反応が関与し，香りはストレッカー分解が関与している。

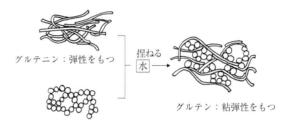

グルテンの形成

❶ バターロール，あんパン，ソーセージパン

[原材料]

強力粉 300 g，ドライイースト 6 g，砂糖 30 g，食塩 4.5 g，スキムミルク 15 g，
水 165 g，卵 30 g，食塩不使用バター 30 g，打ち粉（強力粉）適量，あん，ソーセージ

[器　具]

ボウル，捏ね板，麺棒，スケッパー，発酵用布，ハケ，天板，オーブン

[操作手順]

(1) 混合：ポリ袋に強力粉，ドライイースト，砂糖，食塩，スキムミルクを入れて混ぜ均一にした後，ボウルに移す。

(2) 混捏：卵と水を混ぜた卵水をつくり，少しずつ(1)の粉に加えて混ぜる。ただし，一度に入れずに，加減しながら加えてよく捏ねる。さいころ状に切った食塩不使用バターを加え，混ぜながら捏ねる。

(3) 混捏：全体がまとまったら，捏ね板の上に移して捏ねる。最初はねばついて手につくが，15 分間くらいてのひらで円を描くようにして捏ねる（摩擦熱で生地の温度が上がり，捏ねているとなめらかになってくる）。打ち粉を使って下側になっている生地を上側になるように捏ねるとよい。

(4) 一次発酵：捏ねあがった生地をひとつに丸めて表面をなめらかにする。ボウルに入れラップをし，28～30℃（オーブンの発酵キー）で40分間発酵させる。

(5) ガス抜き：一次発酵で生地が2～2.5倍に膨らむ。膨らんだ生地を手で押して，中に生じた炭酸ガスを全体に分散させる。

(6) 分割・ベンチタイム：ガス抜きした生地の重さを量り，スケッパーを使い18等分し，丸めて表面をなめらかにする。丸めた生地を厚手の布の上に並べ，乾かないように厚手の布をかけ，10分間ねかせる（バターロールは円錐形，あんパンは球状，ソーセージパンは棒状にしてねかせる：下図参照）。

(7) 成形：麺棒を使用する。バターロールは麺棒で細長い三角形とし，三角形の底辺からふわっと空気を包み込むようにくるくるっと巻き，バターロールの形にする。巻き終わりは生地の下になるようにする。あんパンはあんべらを用いてあんを包み，はみ出さないように成形する。ソーセージパンはソーセージに生地を巻き付けるように成形する。天板にクッキングシートを敷き，成形生地をくっつかないように並べる。

(8) 二次発酵：ぬれた布巾をかけて36～38℃，湿度85％で20分間発酵させる（湿度85％にするために，天板に湯をはる）。

(9) 焼成：水で薄めた溶き卵（生地30g使った残り）をハケで薄く塗り，180℃のオーブンで10～13分間，きつね色になるまで焼く。

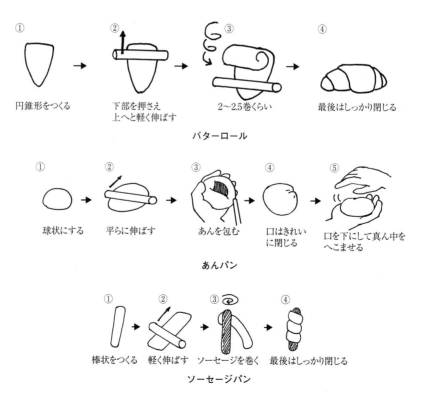

❷ 食パン，メロンパン

● 食パン

[原材料]（2 斤分）

　強力粉 500 g，ドライイースト 8 g，砂糖 25 g，食塩 9 g，水 330 g，食塩不使用バター 25 g，サラダオイル 適量

[器　具]

　ボウル，捏ね板，麵棒，スケッパー，発酵用布，オーブン，食パン型

[操作手順]

(1) 混合：ボウルに水約 50 g と砂糖，食塩を入れて溶かし，その中にふるった粉を入れてざっと混ぜ，残りの水を少しずつ入れて粉全体に水を吸わせるように混ぜる。

(2) 混捏：生地に粘りがでるまで数分間ボウルの中で打ちつけて捏ねる。捏ね板の上に生地を取り出し，ドライイーストをふり入れ，10 分間，生地を持ち上げては打ちつけ，てのひらに体重をかけ，円を描くようによく捏ねる。バターを 3〜4 回に分けて広げた生地の表面に塗り，折りたたむようにし，練りこみ，10 分間捏ねる。

(3) 一次発酵：捏ね上がった生地を丸め，表面を滑らかにしてボウルに入れ，表面に霧を吹き，ラップをして，60 分間発酵器（28〜30℃）で発酵する。生地は 2〜3 倍の大きさになる。

(4) ガス抜き・分割：膨らんだ生地を軽く麵棒か手で押さえ，ガス抜きをして生地をスケッパーで 2 等分し，切り口を中に包み込むように丸める。

(5) ベンチタイム：発酵用布をかけて 25 分間ねかせ，生地を休ませる。

(6) 成形・ホイロ（二次発酵）：ガス抜きした後，成形する。巻き終わりをしっかりとじ，とじ目を下にして，サラダオイルを塗った型に入れる。霧を吹き，ラップをして 40 分間発酵器（38℃）で発酵させて，生地を型の 2 cm 上まで大きく膨らませる。

(7) 焼成：180℃ のオーブンで 25〜30 分間焼成する。

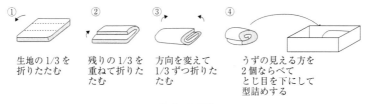

食パンの成形

● メロンパン

[原材料]（12 個分）

　パン生地：強力粉 250 g，ドライイースト 6 g，砂糖 25 g，食塩 4 g，スキムミルク 13 g，水 130 g，卵 30 g，食塩不使用バター 25 g

50　第2部　実習

ビスケット生地：薄力粉 175 g，ベーキングパウダー 3.5 g，砂糖 50 g，卵 60 g，食塩不使用バター 32 g，レモンの皮 1 / 4 個，砂糖 少々，仕上げ用のグラニュー糖 適量

[器　具] ◆◆◆

ボウル，捏ね板，スケッパー，発酵用布，泡立て器，天板，オーブン

[操作手順] ◆◆◆

パン生地の混合からベンチタイム

⑴　混合：ボウルに強力粉の半量と砂糖，ドライイースト，スキムミルクを合わせたものに，ぬるま湯を入れてから，溶き卵を入れる。よく粘りが出るまで 1 ～ 2 分間混ぜる。別のボウルに残りの強力粉と食塩と食塩不使用バターを入れ，混ぜる。

⑵　混捏：粘りがでた生地に残りの材料を入れて，まとまるまで混ぜる。捏ね板に生地を取り出し，バターが溶け込み，均質でなめらかになるまで捏ねる。

⑶　一次発酵：生地に霧を吹き，ラップをして 35 分間発酵器（28 ～ 30 ℃）に入れる。

⑷　ガス抜き・分割・ベンチタイム：ガス抜きをし，12 個に分割する。切り口を中に丸め，生地が乾かないように発酵用布をかけて，10 分間ねかせる（A）。

ビスケット生地の準備

⑴　混合：柔らかくしたバターを泡立て器でよく練る。砂糖を 3 回に分けて加え，そのつど泡立て器でよくすり混ぜる。溶き卵を 4 回に分けて加え，よく混ぜる。一緒にふるった薄力粉とベーキングパウダーを一度に加え，ゴムべらで切るように混ぜる。レモンの皮をおろし金ですり，少量の砂糖をもみ混ぜたものを加える。

⑵　分割：12 個に丸め，バットに入れて，ラップをして冷蔵庫に入れる（B）。

パン生地とビスケット生地の成形から焼成

⑴　成形：ビスケット生地(B)をパン生地(A)よりも一回り大きくうすくのばす。ビスケット生地の片面にグラニュー糖をつける。パン生地を丸め直し，ビスケット生地をグラニュー糖の面を上にしてかぶせ，パレットナイフで筋目をいれる。

⑵　ホイロ（二次発酵）：天板にベーキングシートを敷き，ラップをして 50 ～ 60 分発酵する。温度が高すぎると生地がだれ，湿度が高すぎると表面のグラニュー糖が溶けるので注意が必要である。

⑶　焼成：180 ℃ のオーブンで 12 ～ 15 分焼成し，焼き上がったら金網にとって冷ます。表面のビスケット生地を白く仕上げる場合はオーブンの上火を低くするとよい。

❸ ハムロール，アップルロール

● ハムロール

[原材料] ◆◆◆

強力粉 200 g，ドライイースト 3 g，砂糖 8 g，食塩 3 g，食塩不使用バター 6 g，脱脂粉乳 7.5 g，水(17℃)125 mL，ロースハム薄切り 5 枚，打ち粉（強力粉）適量，塗

り卵（卵1個＋水大さじ1）適量

[器　具]

ニーダー，スケッパー，麺棒，発酵用布，ハケ，発酵器，天板，オーブン

[操作手順]

(1) 混合・混捏：ニーダーで3倍量を捏ねる。水以外の生地の材料を入れ，スイッチを入れて水を少量ずつ加えて捏ねる。20分間で捏ね上げるようにタイマーをセットする。

(2) 一次発酵：発酵時間を30分に合わせ，発酵させる。

(3) ガス抜き・分割・ベンチタイム：生地を取り出してニーダーの羽根を除き，手で押してガス抜きをする。重さを量って3等分し（1ヶ≒350g），さらに5分割（1ヶ≒70g）する。このとき生地を傷めないように最小限の分割操作になるようにする。表面がなめらかになるように丸めてまな板の上に置き，発酵用布をかぶせ10分間ねかせる。

(5) 成形：麺棒でハムよりもひと回り大きな円形にし，ハムを巻いて成形する。

(6) 二次発酵：天板にクッキングシートを敷き，生地がくっつかないように並べて発酵器（温度約36℃，湿度85％）に30分間入れる。

(7) 焼成：塗り卵をハケで塗り，180℃のオーブンで約13分間焼成する。

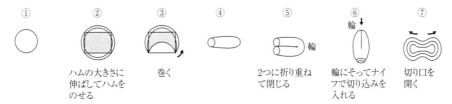

ハムロールの成形

資料：菅原龍幸編『新版食品加工実習書』建帛社，1999，p.22 より

● アップルロール

[原材料]（18cmケーキ型）

強力粉200g，ドライイースト4g，砂糖20g，食塩2g，食塩不使用バター20g，卵1/2個，水（17℃）85mL，塗り卵（卵1個＋水大さじ1）適量

フィリング（3個分）：りんご（ふじ）1個，砂糖50g，レモン汁 小さじ2

アイシング：粉糖15g，水3g

[器　具]

ニーダー，スケッパー，麺棒，発酵用布，耐熱皿，電子レンジ，18cmケーキ型，ハケ，天板，オーブン

[操作手順]

(1) 混合〜ベンチタイム：ハムロールと同様に操作する。混合の際は水と卵を合わせ

て加える。生地は重量で3等分に分割し，ベンチタイムは15分間とする。

(2) フィリング作成：りんごを8つ割りにして皮を剥き，薄切りにして耐熱皿に入れ砂糖とレモン汁をかける。ラップをして電子レンジ（600 W）で4分間加熱し，そのまま粗熱をとる。冷めたらりんごを細かく刻む。

(3) 成形・二次発酵：麺棒で20〜25 cmの正方形にのばし，刻んだフィリングをのせてロール状に巻く。6等分に切って型に入れ，25分間二次発酵する（型の側面にはバターを塗り，底には丸く切ったクッキングシートを敷いて用意しておく）。

(4) 焼成・仕上：ハケで塗り卵を塗り180℃で19〜20分間焼成し，仕上げにアイシングをかける。

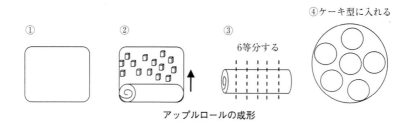

アップルロールの成形

[参 考]

● パンの分類は発酵，原料，製パン法により分類できる。

■発酵による分類

発酵パン：パン酵母により生地を発酵させて製造したもの。小麦粉に水を加えて混捏するとグルテンが形成され，その網目構造中に酵母から発生した二酸化炭素が包蔵，膨化され，焼成することにより多孔質のパンができる。

無発酵パン：パン酵母の代わりにベーキングパウダーを用い，二酸化炭素を発生させ膨化させたもので，蒸しパン，甘食などがある。

■原料による分類

リーンなパン：小麦粉，酵母，食塩，水の基本原料でつくられるヨーロッパパン系で，フランスパンがこれに属する。

リッチなパン：基本原料に砂糖，油脂，乳製品などが副原料として加えられている英米系で，日本のパンはこれに属する。

■製パン法による分類

直捏法：すべての原料を最初に混合して混捏する製法で，小麦粉の特徴を生かしたパンがつくられる。

中種法：大部分の小麦粉に水と酵母を添加して生地を調製し，これを発酵させた後，残りの原料を添加する製法で，機械耐性の強い生地で安定したものが製造でき，量産に向いている。

● 食パンについて

　食パン型の上蓋をせずに焼くと山形食パン（イギリス食パン）になり，上蓋をすると角形食パンになる。1斤分を丸めて成形してパウンド型に入れて，表面に切込み（クープ）をし，バターをのせて焼成するとバター風味豊かなパンになる。

● パン副原料の役割

　酵母（イースト）：酵母は *Saccharomyces cerevisiae* であり，糖を分解して二酸化炭素とアルコールを生成する（$C_6H_{12}O_6 \rightarrow 2\,C_2H_5OH + 2\,CO_2$）。この生成した二酸化炭素ガスを利用して，パン生地がつくられる。市販のイーストには生イースト（水分60～70％）とドライイースト（水分10％以下）がある。ドライイーストは予備発酵がいらず，小麦粉のなかに直接混ぜ込んで用いることができるタイプである。

　砂糖：砂糖は水に非常に溶けやすい性質である親水性と，水を保持する性質である保水性をもつ。その性質からグルテン形成や小麦粉でんぷんに影響を与え，パン生地の調製に関与する。パンの甘味のほか，食感や老化，アミノ・カルボニル反応などいろいろな影響を及ぼす。

　油脂（バター）：グルテンの形成に関与し，潤滑剤となって伸展性をよくする。また，油脂は膜をつくって生地からガスを逃がさないようにするはたらきがあり，弾力をもたせる。パンの老化を遅らせ，柔らかさを保ち，風味にも影響する。

[学習のポイント] ◆◆◆

1．グルテンの形成のメカニズムを理解する。
2．パンの分類，種類を知る。
3．混捏中の生地の変化を観察する。
4．イーストの種類について学ぶ。
5．菓子パンの種類や製法について調べる。
6．パンの膨化のメカニズムを知る。

参考文献

河田昌子『お菓子「こつ」の科学』柴田書店，1987

1 穀類の加工

うどん

小麦粉に食塩，水を加えて捏ね，麺帯をつくり麺線に切り出したものをいう。一般には中力粉（地粉）が用いられ，圧延工程でグルテンの粘弾性とでんぷんの可塑性により腰の強さが生じる。工程により生めん，乾めん，半生めん，即席めんの種類がある。

[原材料] （4 人分）◆◆◆

中力粉 400 g，水 160 〜 180 mL（粉の 40 〜 45％），食塩 16 〜 20 g（粉の 4 〜 5 ％）

[器 具] ◆◆◆

ボウル，ふるい，製麺機，計量器具

[操作手順] ◆◆◆

(1) 混合：ボウルに中力粉と食塩水（前もって溶かしておく）を入れ混合する。

(2) 混捏：最初はおから状にまぜ，全体に水分がまわったらよく捏ねる。

(3) ねかし：ひとまとめにしてラップにくるみ，30 分ねかせる。

(4) 圧延：綿棒でのばしては巻く操作を繰り返す（製麺機を使う場合は，小分けにして圧延し麺帯をつくる）。

(5) 切断：切り出しは，生地を屏風たたみにして 2 〜 3 mm 幅に切るが，生地の重なりには打ち粉を十分にする（製麺機を使う場合は，切り出し歯で一定の太さに麺線ができる）。〔生めん〕

(6) ゆであげ：麺の 10 倍以上のゆで水で湯煮にする（ゆで具合は麺を取り出し割ってみて，白い部分がなければよい）。

(7) 水洗：冷水にて付着している打ち粉を取り除く。

(8) 水切：ざるにとる。〔ゆでめん〕

[参 考] ◆◆◆

麺の種類には麺線の細い順にそうめん，ひやむぎ，うどん，きしめん，ひもかわとがあり，製麺法には切り出しめん，押し出しめん，引き伸ばしめんがある。流通法から見ると生めん，乾めん，ゆでめん，即席めんがある。

[学習のポイント] ◆◆◆

1．うどんに中力粉が適している理由を知る。

2．うどん生地をねかせる目的を知る。また，生地を捏ねるときに食塩を入れる理由を知る。

1 穀類の加工　　55

1 穀類の加工
中華めん

　小麦粉（中力粉または強力粉）にアルカリ剤（炭酸カリウム，炭酸ナトリウム）を溶解したかん水を加えて捏ね，麺帯をつくり麺線に切り出したものや，刀削麺，手もみや機械で圧力をかけたちぢれ麺などがある。

[原材料]　（4人分）

中力粉 400 g，かん水 140 〜 152 mL（粉の 35 〜 38%）

[器　具]

ボウル，ふるい，製麺機，計量器具

[操作手順]

(1)　混合：ボウルに中力粉とかん水（前もって溶かしておく）を入れ混合する。

(2)　混捏：最初はおから状にまぜ，全体に水分がまわったらよく捏ねる。

(3)　ねかし：ひとまとめにしてラップにくるみ，30分ねかせる。

(4)　圧延：綿棒でのばしては巻く操作を繰り返す（製麺機を使う場合は，小分けにして圧延し麺帯をつくる）。

(5)　切断：切り出しは，生地を屏風たたみにして 2 mm 幅に切るが，生地の重なりには打ち粉を十分にする（製麺機を使う場合は，切り出し歯で一定の太さに麺線ができる）。〔生めん〕

(6)　ゆであげ：麺の 10 倍以上のゆで水で湯煮にする（ゆで具合は麺を取り出し割ってみて，白い部分がなければよい）。

(7)　水洗：冷水にて付着している打ち粉を取り除く。

(8)　水切：ざるにとる。〔ゆでめん〕

[参　考]

　かん水は K_2CO_3（炭酸カリウム）4：Na_2CO_3（炭酸ナトリウム）1 の混合物を小麦粉に対して 0.8〜1.2% 濃度とし，夏は 250 mL，冬は 300 mL の水に溶解して使用する。かん水を使用すると生地はアルカリ性となり，グルテンが変性し，グルテンの粘弾性が増加し特有な風味と食感を出す。また，でんぷんが損傷し，ゆで時間が短くなる。小麦粉中のフラボノイド色素がアルカリ性になることで，黄色に発色するなどの変化が起きる。中華麺は打ち立てよりねかした方が味がよいとされるのは，グルテンがかん水によって変性し，こしが増加するためである。

[学習のポイント]

1．中華めんの製造にかん水（アルカリ剤）を使用する理由を知る。

2．中華めんが黄色になる理由を知る。

56　第2部　実習

1 穀類の加工
生パスタ

パスタはスパゲッティとマカロニの総称をいい，グルテン含量の高いデュラム小麦から得られたセモリナ粉を用いる。デュラム小麦の粒は大きく，硬質で胚乳は半透明のガラス質である。セモリナ粉とは，デュラム小麦を粗挽きにしたもので，たんぱく質を多く含む。生地は弾力性に富んでおり，生地形成がしやすく，ゆでるとコシが強くなる。これはグルテンが熱変性を起こし，歯応えのある食感をつくるためであり，パスタに適したものとなる。デュラム粉はカロテノイド系の黄色色素が多く含まれている（第3部小麦粉の性質，p.170 参考）。

[原材料] ◆◆◆

　パスタ：強力粉（デュラム粉）200 g，卵2個（卵は室温に戻す），オリーブ油 小さじ2，食塩 小さじ1，打ち粉（強力粉）適量

　トマトソース：ホールトマト2缶，にんにく，ベーコン，なす適量，食塩1.2 g（小さじ1），市販スパゲッティ100 g

[器　具] ◆◆◆

　ボウル，菜箸，麺棒，スケッパー，製麺機(パスタマシーン)，大鍋，ホーロー鍋，木べら

[操作手順] ◆◆◆

生パスタの作成

(1)　混合：大きめのガラスボウルに強力粉を入れ，真ん中をくぼませる。くぼみに溶き卵を流し入れる。オリーブ油，食塩を加え，強力粉のくぼみを内側から少しずつ菜箸でくずし，粉と卵がまとまるまで混ぜる。

(2)　混捏・ねかし：生地がなめらかになるまで捏ねる。その後，ラップに包み20分以上ねかす。

(3)　分割：ラップをひいたまな板の上で，ねかした生地を麺棒で適当な幅にのばし，スケッパーで製麺機のロール部に入るように生地を3等分する（平らになった生地を麺帯という）。

(4)　圧延：製麺機のローラー幅を最大にし，ロール部に生地を入れ，ロール機を回転させてのばす。出てきた生地を三つ折にし，再度のばす。ローラー幅を狭くして生地を2～3回ローラーに通し，最終的に生地の厚みが3 mm程度になるようにする。

(5)　切出：なめらかになった生地にしっかりと打ち粉をして，乾燥気味にさせる。麺線の太さになる2 mmのカッター（麺切部）で生地を切出し，切出したパスタを少し乾燥させる。

(6)　ゆでる：大鍋で水を沸騰させ，生パスタを3分間ゆでる。また，比較として，別の大鍋でも水を沸騰させ，市販スパゲッティを表示に従ってゆでる。

トマトソースの試作
(1) 加熱：トマト缶のホールトマトをホーロー鍋に入れ，食塩を小さじ1加え，蓋をして中火で煮る。沸騰後，弱火で少しとろみがつくぐらいまで加熱する。
(2) 炒める：フライパンにオリーブオイルをひき，にんにくを入れてから火にかける。ベーコン，なすをいため，なすがしんなりしたら(1)のトマトソースと混ぜ合わせる。

[参　考]
● マカロニ類
　グルテン含量の高いデュラム小麦からつくるセモリナ粉を用い，一般に，約40℃の温水約25％を加えて生地を調製し，多孔型から圧出させ乾燥させたものをいう。その太さ，形状によりさまざまな名称があり，直径2.5 mm以上の管状のものをマカロニ，1.2 mm～2.5 mmの棒状のものをスパゲッティ，1.2 mm未満のものをバーミセリという。いずれも淡黄色である。

[学習のポイント]
1．デュラム粉の特性について知る。
2．オリーブ油について知る。

58　第2部　実習

2 豆類の加工

豆腐

　豆腐製造に関係しているだいずの主要たんぱく質は水に不溶なグリシニンであるが，だいず中の塩類が水に溶けて中性塩類溶液となるため，容易に溶出される。このたんぱく質を加熱し，マグネシウムやカルシウムなどの金属塩，または，グルコノデルタラクトンを添加すると，たんぱく質が沈殿凝固する。金属塩では，塩析効果により素早くたんぱく質に作用し，"ゆ"と呼ばれる液体と凝固物に分離する。グルコノデルタラクトンでは，加熱された豆乳の中でグルコン酸に変化し，pHをゆっくりと低下させ，ヨーグルトと同様に全体が凝固し，保水力のある豆腐ができる。

❶ 木綿豆腐

[原材料] ◆◆◆

　だいず（乾）300 g，消泡剤，凝固剤，にがり（$MgCl_2$）豆乳に対し0.3％，すまし（$CaSO_4 \cdot 2 H_2O$）0.35％（本書では木綿豆腐用ににがりを用いている）

[器　具] ◆◆◆

　ミキサー，豆腐用型箱，しぼり袋，さらし木綿，温度計，木じゃくし，屈折糖度計

[操作手順] ◆◆◆

(1)　原料だいず：原料だいずは，国産で糖質およびたんぱく質含量が高く，大粒のものがよい。古いだいずではたんぱく質の溶出量が低下する。

(2)　浸漬：水洗後，水に浸漬し，浮き上がっただいずは取り除く。浸漬時間は夏期10〜12時間，春秋期14〜16時間，冬期20時間程度とする。この間，2〜3回換水，特に夏期は掛け流しとする。重量で原料だいずの約2.4倍になる。

(3)　呉汁：だいずと水（浸漬だいずに対し1.4倍量）を2回程度に分け，ミキサーで各3〜4分間摩砕し，呉汁を得る（生取り法では，呉汁をおからと豆乳にろ過した後，豆乳を加熱する）。

(4)　加熱：呉汁を鍋に移し，ミキサーのゆすぎ水200 mLを入れ，糖度計のブリックス値を測り，目安として11〜12％にする。100℃前後まで加熱し，5〜10分間煮る。ふきこぼれ防止に消泡剤を数滴加える。

(5)　ろ過（絞り）：呉汁を絞り袋に入れて十分に圧搾し，豆乳とおからに分ける。熱くなっているので，やけどに注意する。

(6)　凝固：豆乳を鍋に移し，70℃になったら，50 mLの水に溶かした凝固剤を加え，打つように手早くかき混ぜる。蓋をして，15分間熟成させる。

(7)　箱盛・圧搾：さらし木綿は，水に湿らせてから十字に敷く。凝固物が生じ，透明な上清が出てきたら，静かに型箱に移し入れる。さらしで表面をおおい，押し蓋をし，軽く重石をして15分放置する。

(8) 水さらし：流水中に約30分間さらし，過剰の凝固剤を溶出させる。

① 浸漬だいずと水を2回に分けミキサーにかける（呉）
② 呉汁を100℃前後まで加熱し，5〜10分間煮る
③ 呉汁をしぼり袋に入れ，圧搾する。豆乳とおからに分ける
④ 豆乳（70℃）に凝固剤を加え，手早く混ぜ15分間放置する
⑤ 型箱にさらし木綿をかけ，固まった豆乳を入れ，重石をして15分間放置する
⑥ 豆腐が固まったら流水で約30分間さらす

木綿豆腐

❷ 絹ごし豆腐

[原材料]

だいず（乾）300 g，消泡剤

凝固剤：グルコノデルタラクトン 0.35 ％重（絹ごし豆腐は，豆乳全体をプリンのように成型凝固させなめらかな食感にするため，グルコノデルタラクトンを用いる）

[器　具]

ミキサー，豆腐用型箱，しぼり袋，さらし木綿，温度計，木じゃくし，屈折糖度計

[操作手順]

(1) 豆乳：木綿豆腐と同様の方法にて豆乳を得る。
(2) 加熱：豆乳をボウルに移し，約80℃まで豆乳を加熱する。
(3) 凝固：グルコノデルタラクトン溶液を加え，撹拌し，蓋をして70℃以上を保ちながら15分間熟成させる。
(4) 成形：適当な大きさに切り，容器に移す。

[参　考]

日本で一般的に行われている豆腐の製造法は「煮取り法」（本書）であるが，沖縄などの一部の地方では「生取り法」で行っている。「煮取り法」の利点は，たんぱく質の抽出効率が高いことと，得られた製品のきめの細かさがあげられる。「生取り法」は味がよいとされ，町おこしなどに一役買っている。

だいずはたんぱく質 35.3 ％，脂質 19.0 ％，炭水化物 28.2 ％を含み，アミノ酸組成にすぐれたたんぱく質と脂質に富む食品である。

だいずを摩砕すると豆乳臭（青臭い）が発生するが，これはリポキシゲナーゼが大豆油に作用してn-ヘキサナールなどが生ずるためである。豆乳臭を除去するには加熱などによって酵素を失活させる。

● 豆腐および豆腐加工品

木綿豆腐：豆乳を塩化マグネシウム，硫酸カルシウムなどで凝固させた後，上澄み

を分離して圧搾，成型する。

絹ごし豆腐：濃い豆乳にグルコノデルタラクトンを加え，穴のない型箱で全体をゲル状に凝固させたもので，湯を分離しないので水分（89％），水溶性ビタミン類，カリウムの含有量が多い。たんぱく質（約5％），脂質（約3％）は木綿豆腐より少ない。なめらかな食感が特徴である。

豆乳：だいずを水とともに摩砕し，加熱，ろ過して抽出した乳状のもの。

湯葉：豆乳を加熱し，表面に形成される変性たんぱく質（表面変性）の薄膜を棒で引き上げ，乾燥させた日本古来の伝統食品である。乾燥湯葉はたんぱく質55％，脂質25％である。乾燥させずにそのまま生湯葉としても食される。

油揚げ：硬めの木綿豆腐をつくり，薄く切って水切りし，約120℃の低温で一度揚げ，次に200℃前後の高温で表面をからりと二度揚げしたもの。

生揚げ（厚揚げ）：木綿豆腐を厚く切って，200℃前後の油で一度揚げたもの。

がんもどき：木綿豆腐を崩し，つなぎにやまのいもを加え粘りが出るまでよく練り，にんじん，こんぶなど練り混ぜ，油揚げと同様に二度揚げしたもの。

凍り豆腐（高野豆腐，凍み豆腐）：冬の寒風に豆腐をさらして凍結させ，昼に解凍，これを繰り返し乾燥してつくられたもの。現在は豆腐を凍結後，2週間−3℃の低温で凍結変性させスポンジ化したものを解凍，脱水，乾燥したものをいう。

呉汁の濃度

木綿豆腐	8～11％
絹ごし豆腐	12％以上
油揚げ	4～6％

［学習のポイント］ ❖❖❖

1．凝固剤の違いによる乾燥・浸漬だいず，豆乳からの歩留まりを計算する。
2．豆乳の機能性成分について知る。

参考文献

仁藤齊著『豆腐』農山漁村文化協会，2000

山内文男・大久保一郎編『大豆の科学』朝倉書店，1992

2 豆類の加工　　納豆

　納豆はみそ，しょうゆと並ぶ日本の代表的なだいず発酵食品である。以前は消費における地域性が強かったが，買うと必ず添付されるタレと健康効果との相乗効果により，全国的に生産と消費が広がっている。

　納豆の発酵に関与する微生物は納豆菌（*Bacillus subtilis*（*natto*））であり，枯草菌の一種である。納豆菌の特徴である粘質物質はポリグルタミン酸やレバン（フラクタン）であり，糸引きの主体は前者である。

［原材料］ ◆◆◆

　だいず（乾）400 g，納豆菌（市販，粉末）0.3 g/30 mL（滅菌水）

［器　具］ ◆◆◆

　恒温器，オートクレーブ（または圧力釜），布袋，温度計，プラスチックカップ

［操作手順］ ◆◆◆

(1)　原料だいず：豆腐製造と同様にだいずを浸漬する。

(2)　蒸煮：水で戻しただいずを布袋に入れた後，オートクレーブに入れ，121 ℃で25分間蒸煮する。指でつまみ，豆が押しつぶれる程度になればよい。

(3)　菌接種・盛込：蒸煮だいずをボウルに移し，品温が高いうちに菌液 3 mL を入れて手早く混合した後，カップに盛り込む。蓋に呼吸用の穴を 4 つ開ける。

(4)　発酵：35 〜 40 ℃で20 〜 24 時間保温発酵させる。発酵開始後，7 時間位は温度をやや高く，かつ湿度を保たせ，以後は乾燥の状態にした方がよい。だいず粒の表面に菌が一様に繁殖し，灰白色の粘質物質ができたら取り出す。

(5)　製品：放冷し，冷蔵庫で 2 〜 3 日熟成させる。

［参　考］ ◆◆◆

　納豆は古くは稲藁を利用してつくられていた。操作手順としては，稲藁を熱湯消毒したあと，蒸煮だいずを包み込むように入れておき，恒温器に入れておけばよい。

　農林水産省の納豆試験法研究会の官能検査法に基づく製品の評価項目を以下に記す。
① 納豆菌の被り　② 溶菌状態　③ 割れ，つぶれ，皮むけ　④ 豆の色　⑤ 香り
⑥ 硬さ　⑦ 味　⑧ 糸引き　⑨ 総合評価

［学習のポイント］ ◆◆◆

1．納豆の粘質物質について知る。

参考文献

納豆試験法研究会編『納豆試験法』光琳，1990

木内幹・永井利郎・木村啓太郎編著『納豆の科学』建帛社，2008

渡辺杉夫・沢田としき著『なっとうの絵本』農山漁村文化協会，2004

2 豆類の加工　きな粉

だいずを焙煎すると好ましい香気を生じ，だいずの生理有害物質（トリプシンインヒビター，ヘマグルチニン，ゴイトロゲン）が減少し，またたんぱく質も熱変性する。さらに製粉することで組織を壊し，消化吸収率が向上する。

[原材料] ◆◆◆

だいず 300 g

[器　具] ◆◆◆

厚手の鍋(ホーロー鍋，ほうろく，フライパン)，ミルサーあるいはフードプロセッサー，ふるい，さらし布巾，すり鉢，すりこぎ

[操作手順] ◆◆◆

(1)　選別：虫食いなどのだいずを取り除く。

(2)　水洗：だいずを洗い，水分を拭き取る。

(3)　加熱：厚手の鍋にだいずを入れて，焦がさないように木べらでかきまぜながら，10 ～ 15 分炒る（200 ℃のオーブンで加熱してもよい）。だいずの皮が少しはじけて香ばしい香りがしたら，ざるなどに入れて粗熱を取る。

(4)　剥皮：炒っただいずをさらし布巾で包み，すりこぎで軽くたたくか，手で押さえて皮を分離し，うちわであおいで皮を取り除く。

(5)　粉砕：皮を除いただいずをミルサーあるいはフードプロセッサーで粉砕する。

(6)　摩砕：さらに細かい粉末にする場合には，すり鉢でするとよい。目の細かいふるいにかけて残っている皮を除くと，口当たりがよくなる。

[参　考] ◆◆◆

生だいずには，たんぱく質分解酵素のトリプシンを阻害するトリプシンインヒビターと，赤血球凝集作用のあるヘマグルチニン，甲状腺肥大を起こすゴイトロゲンなどを含むため，必ず加熱をし，有害物質を無害化する必要がある。節分に撒く豆はだいずを炒った炒り豆である。黄だいずを原料にしたものが一般のきな粉であるが，青だいずを用いたものは淡緑色でうぐいす餅などの和菓子に用いられる。

[学習のポイント] ◆◆◆

1．だいずの栄養成分を学ぶ。

2．だいずの有害物質と除去方法を学ぶ。

参考文献

國﨑直道・川澄俊之編著『新版食品加工学概論』同文書院，2009

加藤保子・中山勉編『食品学Ⅱ（食品の分類と利用法）』南江堂，2007

製あん（あずきあん）

2 豆類の加工

　あんはでんぷん含量が多く脂質の少ないあずき，いんげんまめなどが原料となる。豆を煮て潰したものが生あんで，これに砂糖を加えて練りあんとする。豆の形を残す粒あん，裏ごしして皮を除くこしあんなどがあり，和菓子に多様な形で使われる。

[原材料] （出来上がり量：生あんとして約240g，練りあんとして約400g）

　あずき 150g，水 700mL×2，砂糖 120g

[器　具]

　ボウル，ざる，圧力鍋，裏ごし，木じゃくし

[操作手順]

(1)　渋切：あずきを水洗いして圧力鍋に入れ，水700mLを加え落とし蓋をする。鍋の蓋を正しく閉め，強火で加熱し沸騰したらすぐに火を止める。圧を下げてから蓋を開け，ざるで水を切りあずきをさっと洗って鍋に戻す。圧力鍋は使用上の注意に従って正しく使用する。

(2)　煮熟：新たに水700mLを加えて再び強火で沸騰後，中火で15分煮熟，火を止めて20分蒸らす。常圧ではあずきを柔らかく煮るのに時間を要する。

(3)　裏ごし：鍋の圧を下げてあずきを取り出し，裏ごしして皮を除き，生こしあんとする。

(4)　濃縮：生あんを鍋に戻し，加熱して水分をよく飛ばす。

(5)　加糖・濃縮：砂糖を数回に分けて加えて溶かし，照りが出て，へらですくって落としたとき角が立つくらいまで焦がさないように注意して練り上げる。

[参　考]

　あんの物性：豆類のでんぷんは糊化温度が高く，たんぱく質が先に熱凝固してでんぷんを閉じ込めてしまうため，糊化したでんぷんが溶出しない。

　あんの貯蔵性：生あんは変質しやすくでんぷんの老化も早い。砂糖を加えて練り上げ濃縮すると，水分活性が下がり貯蔵性が高まる。砂糖は糊化したでんぷんの老化も抑制する。生あんを乾燥したさらしあんは，さらに貯蔵性が高い。

[学習のポイント]

1．あずきでんぷんの性質と，あんの製造原理，貯蔵性を理解する。

2．あんの種類を知る。

64　第2部　実習

2 豆類の加工　　ようかん

練りようかんは，生あんに砂糖と煮溶かした寒天を加えて煮詰め，型に流して冷却し固めたものである。水ようかんは，煮溶かした寒天液にあんを加えて型に流し冷やし固めたものである。水分が多いため濃厚な甘さではなく，清涼感のある夏向きの和菓子として好まれる。

① 練りようかん

[原材料]　（出来上がり約700 g）◆◆◆

練りあん 400 g，砂糖 200 g，水 200 mL，粉寒天 6 g，水あめ 25 g

[器　具]　◆◆◆

鍋，木じゃくし，流し缶，屈折糖度計

[操作手順]　◆◆◆

(1)　寒天液の調製：鍋に水を入れて寒天を振り入れ，沸騰から 4 ～ 5 分よく煮溶かして砂糖を加える。

(2)　混合：練りあんの入った鍋に寒天液を加え，焦がさないようにへらでまぜながら糖度50位まで濃縮する。最後に水あめを加える。

(3)　冷却・成型：粗熱を取ってから，型に流し入れ冷し固める。

② 水ようかん

[原材料]　◆◆◆

こしあん 400 g，砂糖 100 g，水 400 mL，寒天 4 g

[器　具]　◆◆◆

鍋，へら，流し缶

[操作手順]　◆◆◆

(1)　寒天液の調製：鍋に水 400 mL を入れ，粉寒天を振り入れて沸騰させ 4 ～ 5 分煮溶かして砂糖を加える。

(2)　混合：寒天液に生あんを加えて均一に混ぜる。

(3)　型入・冷却：鍋を水に浸けて軽く混ぜながら粗熱を取る。50℃ くらいになったら，流し缶やカップなどに注ぎ入れて冷やし固める。常温で固まるが，夏期には冷蔵した方が口当たりがよくなる。

[参　考]　◆◆◆

● ようかんの歴史

ようかん（羊羹）の起源は，中国の羊糕（ヤンカオ）という羊肉の煮こごりで，肉や肝を小麦粉を加えて湯煮した熱い汁(羹)をようかんと呼んだ。日本は肉食でなかっ

たため植物原料を用いてつくるようになり，鎌倉時代に茶道の点心として使われたが次第に汁が除かれて蒸し菓子の形になった。蒸しようかんは，こしあんに小麦粉，砂糖，片栗粉などを加えて蒸したもので，練りようかんは江戸時代に寒天が発見されてからつくられるようになった。

● 食品衛生法による分類

和生菓子：製造直後で水分40％以上。あん，クリーム，ジャム，寒天が入ったもので水分30％以上。

和半生菓子：水分10％以上30％未満

和干菓子：水分10％未満

日本食品標準成分表では，水分20％以上を生・半生菓子としている。

ゲル化剤の比較

	ゼラチン	寒 天	カラギーナン
原 料	動物の骨や皮	紅藻類	紅藻類
主成分	たんぱく質	多糖類	多糖類
消化吸収	消化吸収される	消化吸収されない	消化吸収されない
溶解温度	50〜60℃	90℃以上	90℃以上
凝固温度	20℃以下	40℃以下	30〜60℃
常温での溶解	溶ける	溶けない	溶けない
ゼリーの特徴	弾力性，粘性があり食感はプルプル 透明感のある黄色	弾力性はなく歯切れがよい 透明度は低い	食感はゼラチンと寒天の中間 透明度が高い

[学習のポイント] ◆◆◆

1．ようかんの由来と種類を知る。

2．和菓子の種類，特徴，保存性などを知る。

3．寒天の特性と使用法を覚える。

参考文献

小林彰夫・村田忠彦編『菓子の事典』朝倉書店，2000

久保田紀久枝・森光康次郎編『食品学―食品成分と機能性（第2版補訂）』東京化学同人，2011

2 豆類の加工　ピーナッツクリーム

　落花生中に含まれるレシチンの乳化作用を利用したエマルション食品である。落花生は組織中に約50％もの油脂を含有し，摩砕により溶出した油相にシロップ液（水相）を滴下し撹拌していくと，油中水滴（W/O）型のエマルションから水中油滴（O/W）型となる（転相）。ピーナッツクリームは水中油滴型のエマルションである。

[原材料]

　落花生500 g，食塩8〜10 g，温湯250 mL，砂糖200 g，水あめ250 g

[器　具]

　ミートチョッパーまたはフードカッター，擂潰機，計量器具，鍋，木じゃくし

[操作手順]

(1) 焙煎・渋皮取り：落花生は素煎りとし，渋皮を除去する。
(2) 粗砕：ミートチョッパーやフードカッターを使用して砕く。
(3) 擂潰：擂り潰すことで細胞成分がクリーム状になって溶出し，ペースト状になる。
(4) 食塩添加：食塩を加える。〔ピーナッツバター：油中水滴型〕
(5) 加熱・乳化：水，砂糖，水あめを加熱溶解（70〜80℃）したものを加え，撹拌混合する（転相，乳化：添加には十分注意を要し，手動で撹拌するとよい）。
(6) 擂潰：再度すり仕上げ，製品とする。

[参　考]

　落花生の成分は，炭水化物18.8％，たんぱく質25.4％，脂質47.5％で，脂質量が多いのが特徴である。落花生油は不乾性油で，不飽和脂肪酸のオレイン酸，リノール酸が多い。また，ビタミンB_1，ビタミンEが多い。

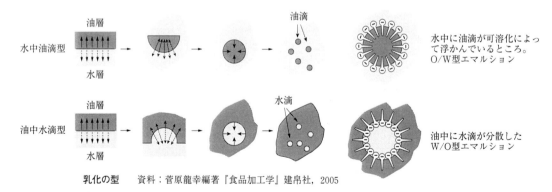

乳化の型　資料：菅原龍幸編著『食品加工学』建帛社，2005

[学習のポイント]

1．落花生の成分の特徴を知る。
2．エマルションの転相を学ぶ。

3 いも類の加工 **67**

| 3 いも類の加工 | こんにゃく |

こんにゃくは，サトイモ科の多年生草木であるこんにゃくいも（*Amorphophallus konjac K. Koch*）を原料としてつくられる。こんにゃく特有の食感はいもに含まれる食物繊維であるグルコマンナンによるものである。この球茎は，一般に3年生のものが販売され，加工原料として用いられる。球茎の中にはグルコマンナン（マンノース2分子とグルコース1分子を構成単位とし，これが鎖状に重合した化合物，分子量27万）が約12％含まれている。このグルコマンナンは水を吸収・膨張し，糊状となって粘性を呈するが，これにアルカリを加え，加熱すると，こんにゃくになる。現在のこんにゃくの製法は生いもから直接つくる方法と，こんにゃく粉を利用してつくる方法とに分類される。

❶ 粉からつくるこんにゃく

[原材料]

こんにゃく精粉50 g，凝固剤（水酸化カルシウム懸濁液）5.0 g / 150 mL，水1.8 L
副原料：海藻粉末（ひじき）・ごま・青のりなど（精粉に対し5％以下）

[器 具]

ステンレスボウル，木べら，型箱（卵豆腐用）

[操作手順]

(1) 精粉：副原料は糊化後に入れると均一にならないため，この段階で精粉とよく混ぜておく。

(2) 混合（のりかき）：ボウルに水（1.8 L）を入れ，精粉を少量ずつ加える。ダマにならないように，徐々に加熱しながら，よく撹拌する（粉を入れるときは分散させるため泡立て器を使うが，膨潤しはじめたら，空気を抱き込ませないようにするためへらを用いる）。

(3) 糊化：0.5〜1時間程度放置する。合間に1〜2回練るように混ぜる。

(4) 凝固剤：固めるために100 mLを使い，残りは成型時に用いる。

(5) 混合・撹拌：かき混ぜながら凝固剤を一気に入れ，練るように手早くかき混ぜる。凝固剤を入れた直後はプリプリした感じになるが，しばらく練っていると糊状になる。木べらで撹拌してもよいが，手の方がやりやすい。

(6) 成型：型詰めするときはあらかじめ石灰水を塗っておいた型箱に流し込む。手で形をつくったり，のし棒などで薄く固めたりしてもよい。

(7) 放置：15〜30分間放置する。

(8) 湯煮：指で押してもへこまない程度まで固まったら，型箱ごと熱水中（約80℃）に入れ，約20〜30分間湯煮（70〜80℃）を行う。湯煮後，切ったとき内部がま

68　第2部　実習

だ黄色のときは，凝固とアク抜きが不十分であるため，数回湯煮を繰り返す。

❷ いもからつくるこんにゃく

[原材料] ◆◆◆

　こんにゃくいも 500 g，水 2 L（いもに対し 4 倍量），石灰水 6 g / 150 mL（入れる水に対し 0.2 ％量）

[器　具] ◆◆◆

　鍋，ミキサー，ステンレスボウル，木べら，型箱（卵豆腐用）

[操作手順] ◆◆◆

⑴　剥皮：いもをたわしでよく洗い，特にへこみの部分，いたんでいる部分，芽の出ているところをよく取り除く。皮は残しておくと，風味が残る。生いもからつくるときは，アレルギーによりかゆくなることがあるので，ゴム手袋の着用をすすめる。

⑵　煮熟：3 ～ 4 cm 角程度の適当な大きさに切って，箸が刺さる程度まで煮熟する（加熱が不十分だとポリフェノールオキシダーゼにより変色しやすい）。

⑶　いもすり：ミキサー容量（目安 1 / 3 容量）にあわせて，水と一緒に 2 ～ 3 回に分けて組織が十分に摩砕するようしっかりとすりおろす。残り水でミキサー内の洗い込みを行う。

⑷　混合・放置：糊状になるまで練るように混ぜながら，0.5 ～ 1 時間放置する。

⑸　あとの工程は精粉からつくるときと同様に行う。

❸ こんにゃくゼリー

[原材料] ◆◆◆

　ゲル化剤（こんにゃく粉 5.0 g，カラギーナン 2.5 g，キサンタンガム 2.5 g），グラニュー糖 100 g，水 1 L（好みに応じてかき氷シロップや粉末ジュースを用いる）

[器　具] ◆◆◆

　ボウル，プリンカップ等の小容器

[操作手順] ◆◆◆

⑴　ゲル化剤：ゲル化剤ならびにグラニュー糖は粉末の状態でよく混ぜておく。ボウルに 80 ℃以上の湯を沸かし，各原料をダマができないように撹拌しながら，少しずつ入れる。

⑵　加熱混合：80 ℃以上を保ちながら，10 分程度よく混合する。

⑶　型詰：プリンカップ等の小容器に流し込む。

⑷　冷却・凝固：冷蔵庫に入れ，凝固させる。

[参　考] ◆◆◆

　しらたきと糸こんにゃくの違い：しらたきは白く，糸こんにゃくは黒っぽいといっ

たように色に違いはあるものの，現在の製造法は基本的には同じである。アルカリ熱水中に糸状に押し出して固めてつくる。しらたきは東日本，糸こんにゃくは西日本で多くみられる。

こんにゃく精粉：生いもを短冊状に切ったあと，乾燥させ，粉砕し，荒粉をつくる。さらに，風選により除去されていくものを「とび粉」と呼び，残ったものが精粉となる。とび粉の残存は保存性や匂いに影響を与える。精粉も若干の匂いが残るため，さらにアルコールで洗浄を行い，より低減化させたものもある。

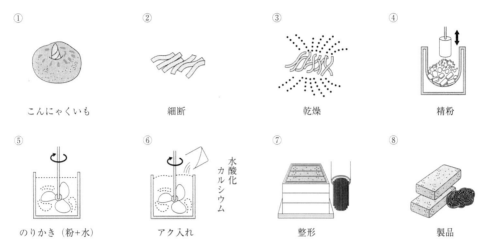

こんにゃくいもから製品ができるまで

こんにゃくゼリー：グルコマンナンに果汁や増粘多糖類（カラギーナン，キサンタンガムなど）を加えてつくる。

[学習のポイント]
1．こんにゃくとこんにゃくゼリーの凝固のメカニズムの違いを知る。
2．ゲル化剤の濃度を減らし，配合を変えて好みのゲル強度を探してみる。
3．さまざまな増粘多糖類を調べてみる。

参考文献
日本伝統食品研究会編『日本の伝統食品事典』朝倉書店，2007
國崎直道・佐野征男著『食品多糖類』幸書房，2001
佐多正行編著『農産加工の基礎』農山漁村文化協会，2000

3 いも類の加工　　ポテトチップス

じゃがいもを薄切りにして油で揚げ，でんぷんのα化と脱水を行い，食塩，香辛料などで味付けする。

[原材料] ◆◆◆

じゃがいも 500 g

副原料：揚げ油 適量，食塩・青のりなど 適宜

[器　具] ◆◆◆

ボウル，ピーラー，スライサー，ざる，揚げ鍋，揚げ網，布巾

[操作手順] ◆◆◆

(1) 剝皮：じゃがいもをよく洗い，皮を剝く。芽や緑色部には有害成分のソラニンが含まれるのでよく取り除く。

(2) 切断：スライサーで厚さ 1 ～ 2 mm の輪切りにする。薄くしすぎないようにする。切ったものは 2 ％食塩水に浸漬した後，丁寧に水分を取る。

(3) 揚げる：やや低温から 180 ℃まで温度を上げながらパリッとするまで揚げる。一度に入れ過ぎると温度が下がるので注意する。中心部まで乾いた状態になるまで焦がさないように揚げ，油をよく切る。

(4) 味付：食塩・青のりなどで好みの味を付ける。

[参　考] ◆◆◆

じゃがいもは南米の高地が原産で寒冷な気候を好む。地下茎が肥大した塊茎で，主要成分は炭水化物で約 17 ％含まれており，主体はでんぷんである。さつまいもに比べて糖分が少ないため味が淡白で調理法は幅広く，主食として使われることもある。

いも類のビタミン C は比較的熱に強い。有害成分のソラニンは加熱によっても分解されず，腹痛，下痢，嘔吐，頭痛，めまいなどの症状を引き起こすため注意が必要である。

じゃがいもを切ったときの褐変は，チロシンがチロシナーゼによって酸化され褐色物質のメラニンが生成されることによる。褐変防止のため水にさらして酵素の除去と空気の遮断を行う。

成型ポテトチップスは粉末乾燥ポテトを原料としてつくられる。製品は油の酸化と吸湿を防ぎ風味を保つため密封保存する。

[学習のポイント] ◆◆◆

1．じゃがいもの成分と扱い方を理解する。

2．パリッとした食感をつくるこつを習得し，風味を保つ保存法を理解する。

トマト加工品

4 野菜，きのこの加工

トマトの水分は 94.0 ％と多く，濃縮することにより保存性が向上する。トマト加工品には，原料トマトを破砕して搾汁，裏ごしを行い濃縮したものや，それに調味料等を加えたものがあり，日本農林規格（JAS）がある。JAS では，裏ごし後の無塩可溶性固形分が 8 ％以上のものを濃縮トマトという。濃縮トマトのうち，無塩可溶性固形分が 24 ％未満のものをトマトピューレー，24 ％以上に濃縮したものをトマトペーストといい，濃縮の濃度によって分けられている。トマトケチャップは食塩，香辛料，酢，砂糖類および，たまねぎまたはにんにくを加えて調味したもので，可溶性固形分が 25 ％以上のものである。トマトソースは広義にはトマトを裏ごしした製品一般をさすが，JAS では濃縮トマトまたはこれに刻んだトマトを加えたものに食塩および香辛料を加えて調味したもの等で可溶性固形分 8 ％以上 25 ％未満のものをさす。

トマトの色素は主にリコペン（赤）とカロテン（黄）であるが，製品の品質を左右するのでなるべく完熟したリコペンの多いトマトを選ぶとよい。トマトの緑色部に含まれる葉緑素は加熱によって褐色となり赤色を減退させるため，青味の残るトマトの場合はその部分を除去するか 2 ～ 3 日追熟させて用いる。また，リコペンは鉄，銅などの金属と化合して変色するので，鉄分のないホーロー製，ステンレス製，アルミ製の器具を用いるのが好ましい。

① トマトソース

[原材料] ❖❖❖

完熟トマト 2 kg，にんにく 1 片，オリーブ油，食塩，香辛料

[器 具] ❖❖❖

包丁，まな板，鍋，裏ごし，へら，屈折糖度計

[操作手順] ❖❖❖

(1) 剥皮・細刻：トマトをよく洗い，湯剥きして 1 cm 以下に刻む。

(2) 煮熟：果肉，果汁，種を鍋に入れ，焦がさないようにかきまぜながら約 20 分煮熟する。

(3) 裏ごし：熱いうちに裏ごしして種を除く。

(4) 濃縮：鍋にオリーブ油を熱し，みじん切りにしたにんにくを焦がさないように炒める。香りが立ったら一度火を止めてトマトパルプを加え，可溶性固形分 8 ～24％になるまで濃縮する。

(5) 調味：食塩，香辛料などで味を調える。

72　第2部　実習

② トマトピューレー

[原材料] ◆◆◆

　完熟トマト 1.5 kg

[器　具] ◆◆◆

　ステンレス製包丁，まな板，ホーロー鍋，ストレーナー，裏ごし器，屈折糖度計，蓋付き広口ビン

[操作手順] ◆◆◆

(1)　洗浄・破砕：トマトは洗ってへたと緑色部を取り，湯剥きして皮をむく。ステンレス製の包丁で粗く切ってホーロー鍋に入れる。鉄製包丁の場合には，へたを除去した後，鍋の中に入れ木べらで潰す。

(2)　予熱：火にかけ，沸騰後15分間加熱する。加熱によりペクチナーゼを失活させることでピューレーの粘稠度低下を防止する。

(3)　裏ごし：ストレーナーを通してボウルにあけ，ここで得られた水分は先に次の工程の濃縮を開始する。ストレーナーに残った果肉は丁寧に裏ごし器でこし，パルプを得る。ここで得られるパルプ量が収量に関わるので，赤色部がより多く得られるように丁寧に裏ごす。種はここで除く。

(4)　濃縮：裏ごしで得られたパルプをすべてホーロー鍋に戻し，絶えず撹拌しながら屈折糖度計示度24％まで加熱濃縮する。

(5)　充填：殺菌消毒したビンに詰め，90℃以上で20分間加熱殺菌する。

(6)　冷却：殺菌後なるべく早く冷却する。ただし，ビンは急冷すると割れる恐れがあるので，徐々に水を加える。

③ トマトケチャップ

[原材料] ◆◆◆

　トマト 2 kg，たまねぎ 50 g，砂糖 50 g，食塩 17 g，食酢 80 g，グルタミン酸ナトリウム（MSG）1 g

　香辛料：シナモン 0.5 g，クローブ 0.1 g，ローレル 0.3 g，メース 0.3 g，白こしょう 0.3 g，セロリーシード 0.1 g

[器　具] ◆◆◆

　包丁，まな板，鍋(ステンレス製鍋またはホーロー鍋)，ボウル，木じゃくし，裏ごし器，屈折糖度計，蓋付き広口ビン，計量器具

[操作手順] ◆◆◆

(1)　水洗・細切：トマトを洗浄しヘタを取り細切（6つ割り）する。

(2)　煮熟：鍋に入れ，水は加えず，焦がさないよう水気が出るまで常に撹拌しながら加熱する。

(3) 裏ごし：皮がクルンと丸まってきたら裏ごし（温裏ごし法）をする。

(4) 濃縮：パルプを絶えず撹拌し濃縮（トマトピューレー状）する。ピューレーは比重1.022，固形分5.0％を基準とする（トマトピューレーの比重と屈折計示度の関係：比重＝0.00430×屈折計示度＋0.9989）。

(5) 添加：1/2の砂糖と野菜エキスを添加する。野菜エキスはたまねぎを細切し，2倍量の水で1.5～2時間（少量時注意），煮てこしたものを用いる。

(6) 濃縮：引き続き濃縮し，残りの砂糖を添加する。

(7) 添加：濃縮が進み撹拌で鍋底がみえてきたら，食塩・香辛料浸出液，MSGを添加する。香辛料浸出液は，食酢に香辛料を2～3日浸漬させガーゼでこしたものである。

(8) 仕上：糖度25％以上，比重1.12～1.13，固形分25～30％に濃縮し火からおろす。

(9) 充填：あらかじめ殺菌しておいたビン（90℃以上）に詰め，熱いうちに蓋をし密封する（殺菌を省略することができる）。

(10) 製品：冷暗所に保存する。

[参 考]

トマトは南米アンデス山脈原産のナス科植物で，古くは有害成分を含むとされ観賞用であった。日本には17世紀頃に入っているが食用にされたのは明治時代，本格的に栽培が始まったのは昭和になってからである。現在では多くの種類が栽培され，食べ方も多様になっている。露地栽培の旬は6～9月，ハウス栽培も多く年間を通して出ている。赤色系の加工用（サンマルツァーノなど）とピンク系の生食用があり，実習では加工用トマトが手に入らなければ水煮缶詰を使うのもよい。

トマトは糖分，有機酸，うま味成分のグルタミン酸などを含みバランスのよい味をつくり，ビタミンA，ビタミンC，カリウムなども豊富に含む。ペクチンにより適度な粘性が出て肉，魚介，野菜，豆などと相性のよいソースになる。色の主体はカロテノイド色素のβ-カロテンとリコペンで，特にリコペンは抗酸化作用が強くがんや動脈硬化の予防に効果がある機能性成分として注目されている。リコペンは熱に強く，油と一緒に摂ると吸収率が向上する。トマト製品にはこのリコペンを多く（7mg％以上）含むもの，種が少なくパルプの多い品種が適している。

日本農林規格（JAS）によると，トマトジュース，トマトミックスジュース，トマトピューレー，トマトペースト，トマトケチャップ，トマトソース，チリソース，固形トマトを総括してトマト加工品という。

屈折糖度計（20℃）の示度は，無塩可溶性固形量とほぼ一致するため，濃縮終点の判定に用いられる。家庭では，ピューレーは重量の約1/2量，トマトケチャップは1/3量を目安として濃縮の程度を判定する。

74 第2部 実 習

トマトピューレーまたはその沪液の比重と全固形量との関係

ピューレー中の固形量(%)	比重 (20℃)		ピューレー中の固形量(%)	比重 (20℃)		ピューレー中の固形量(%)	比重 (20℃)	
	ピューレー	沪液		ピューレー	沪液		ピューレー	沪液
3.42	1.0150	1.0133	6.95	1.0292	1.0270	10.52	1.0437	1.0409
3.53	1.0155	1.0138	7.06	1.0297	1.0274	10.64	1.0442	1.0413
3.64	1.0159	1.0142	7.17	1.0301	1.0279	10.70	1.0414	1.0415
3.76	1.0163	1.0146	7.28	1.0306	1.0283	10.80	1.0449	1.0419
3.87	1.0168	1.0151	7.34	1.0308	1.0285	10.91	1.0453	1.0424
3.98	1.0172	1.0155	7.45	1.0313	1.0290	10.97	1.0456	1.0426
4.09	1.0177	1.0160	7.56	1.0317	1.0294	10.08	1.0461	1.0430
4.20	1.0181	1.0164	7.62	1.0320	1.0296	11.20	1.0465	1.0435
4.26	1.0183	1.0166	7.74	1.0324	1.0300	11.25	1.0467	1.0437
4.37	1.0188	1.0170	7.85	1.0329	1.0305	11.36	1.0472	1.0441
4.48	1.0192	1.0175	7.90	1.0331	1.0307	11.47	1.0476	1.0446
4.59	1.0197	1.0179	8.02	1.0336	1.0311	11.59	1.0481	1.0450
4.71	1.0201	1.0183	8.12	1.0340	1.0315	11.70	1.0485	1.0454
4.82	1.0205	1.0188	8.24	1.0345	1.0320	11.81	1.0490	1.0459
4.93	1.0210	1.0192	8.35	1.0349	1.0324	11.93	1.0494	1.0463
5.03	1.0215	1.0196	8.46	1.0354	1.0328	12.05	1.0499	1.0467
5.10	1.0217	1.0198	8.57	1.0358	1.0333	12.10	1.0501	1.0469
5.21	1.0222	1.0203	8.68	1.0363	1.0337	12.21	1.0505	1.0474
5.33	1.0236	1.0207	8.74	1.0365	1.0339	12.32	1.0510	1.0478
5.44	1.0230	1.0211	8.86	1.0370	1.0344	12.43	1.0515	1.0482
5.55	1.0235	1.0216	8.96	1.0374	1.0348	12.55	1.0519	1.0487
5.66	1.0240	1.0220	9.14	1.0381	1.0354	12.65	1.0524	1.0491
5.77	1.0244	1.0225	9.25	1.0386	1.0359	12.77	1.0528	1.0495
5.88	1.0249	1.0229	9.36	1.0390	1.0363	12.88	1.0533	1.0500
5.94	1.0251	1.0231	9.47	1.0395	1.0368	12.99	1.0538	1.0504
6.05	1.0256	1.0235	9.58	1.0400	1.0372	13.10	1.0542	1.0508
6.16	1.0260	1.0240	9.70	1.0404	1.0376	13.22	1.0547	1.0513
6.22	1.0263	1.0242	9.80	1.0408	1.0381	13.32	1.0551	1.0517
6.33	1.0267	1.0246	9.92	1.0413	1.0385	13.44	1.0556	1.0521
6.45	1.0272	1.0251	10.02	1.0417	1.0389	13.55	1.0560	1.0525
6.50	1.0274	1.0253	10.14	1.0421	1.0394	13.66	1.0565	1.0529
6.61	1.0279	1.0257	10.25	1.0426	1.0398	13.78	1.0569	1.0533
6.72	1.0283	1.0261	10.35	1.0430	1.0402	13.89	1.0574	1.0537
6.84	1.0288	1.0266	10.41	1.0433	1.0404	14.01	1.0579	1.0541

4 野菜，きのこの加工　75

トマト加工品の日本農林規格（JAS）

加工品	定　義
トマトジュース	① トマトを破砕して搾汁し，または裏ごしし，皮，種子等を除去したもの（以下「搾汁」）または食塩を加えたもの ② 濃縮トマトを希釈して搾汁の状態に戻したものまたは食塩を加えたもの
トマトミックスジュース	① トマトジュースを主原料とし，これに，セロリ，にんじんその他の野菜類を破砕して搾汁したものまたは濃縮したものを希釈して搾汁の状態に戻したものを加えたもの ② トマトジュースを主原料とするもので，①に食塩，香辛料，砂糖類，酸味料，調味料等を加えたもの
トマトピューレー	① 濃縮トマトのうち，無塩可溶性固形分が 24 ％未満のもの ② ①にトマト固有の香味を変えない程度の少量の食塩，香辛料，たまねぎその他の野菜類，レモンまたは pH 調整剤を加えたもので無塩可溶性固形分が 24 ％未満のもの
トマトペースト	① 濃縮トマトのうち，無塩可溶性固形分が 24 ％以上のもの ② ①にトマト固有の香味を変えない程度に少量の食塩，香辛料，たまねぎその他の野菜類，レモンまたは pH 調整剤を加えたもので無塩可溶性固形分が 24 ％以上のもの
トマトケチャップ	① 濃縮トマトに食塩，香辛料，食酢，砂糖類およびたまねぎまたはにんにくを加えて調味したもので可溶性固形分が 25 ％以上のもの ② ①に酸味料，調味料，糊料等を加えたもので可溶性固形分が 25 ％以上のもの
トマトソース	① 濃縮トマトまたはこれに皮を除去して刻んだトマトを加えたものに，食塩および香辛料を加えて調味したもので可溶性固形分が 8 ％以上 25 ％未満のもの ② ①に食酢，砂糖類，食用油脂，酒類，たまねぎ，にんにく，マッシュルームその他の野菜類，酸味料，調味料，糊料等を加えたもので可溶性固形分が 8 ％以上 25 ％未満のもの
チリソース	① トマトを刻み，または粗く砕き，種子の大部分を残したまま皮を除去した後濃縮したものに食塩，香辛料，食酢および砂糖類を加えて調味したもので可溶性固形分が 25 ％以上のもの ② ①にたまねぎ，にんにく，ピーマン，セロリーその他の野菜類，酸味料，調味料，カルシウム塩等を加えたもので可溶性固形分が 25 ％以上のもの
固形トマト	全形もしくは立方形等の形状のトマトに充てん液を加え，または加えないで加熱殺菌したもの

＊濃縮トマトとは，トマトを破砕して搾汁し，または裏ごしし，皮，種子等を除去した後濃縮したもので無塩可溶性固形分が 8 ％以上のものをいう。

資料：平成 27 年 5 月 28 日農林水産省告示第 1387 号より

[学習のポイント]

1．トマトの成分特性を知る。

2．トマト加工品の種類を知る。

3．日本農林規格（JAS）によるトマト加工品の定義を知る。

4 野菜，きのこの加工 　福神漬け

野菜を塩漬けすると，野菜の水分は食塩の浸透圧により脱水され，野菜の細胞の原形質分離が起きて細胞は死滅し，その結果，食塩やその他の漬液の成分が細胞内部にまで浸透する。塩味や漬液の味が付き，野菜の酵素作用によりうま味成分が増加し，乳酸菌や酵母のはたらきで漬物特有の風味や酸味がつくられる。

［原材料］ ◆◆◆

なす 100 g，きゅうり 100 g，だいこん 200 g，食塩 20 g（重量の 5 ％），れんこん 50 g，しょうが 20 g，白ごま 3 g（小さじ 1），しその実（塩漬け）6 g（小さじ 2）

漬け汁：しょうゆ 100 mL，みりん 100 mL，砂糖 30 g

［器　具］ ◆◆◆

漬物保存容器，漬物用重石

［操作手順］ ◆◆◆

1 日目　下漬け

(1)　水洗：なすはへたを取り，きゅうりはそのまま，だいこんは縦 4 つに割る。

(2)　下漬：(1)の重さを量り，その 5 ％の食塩をふり，野菜の重さの約 2 倍の重石をして冷蔵庫に入れる（15 ％の食塩で 3 日以上塩漬けした場合は脱塩をする）。

2 日目　本漬け

(1)　細刻・脱水：塩漬けした野菜の水分を切って，2 ～ 3 mm の厚さで，なすはいちょう切り，きゅうりは小口切り，だいこんは 8 つ割りのいちょう切りか色紙切りにして，しその実とともに 30 分流水で塩出しする。その後しっかり水気を絞る。れんこんは皮をむき，4 ～ 6 つに割り，2 ～ 3 mm の厚さに切り，熱湯をさっとくぐらせる。しょうがは皮をこそげて，千切りにする。白ごまは香ばしく煎る。

(2)　本漬：みりんを煮立ててから，しょうゆ，砂糖を加え，煮立ったら火からおろして冷ます。野菜と漬け汁をよくなじませ，ラップをして冷蔵庫で 1 日漬込む。

3 日目　仕上げ

(1)　仕上：野菜と漬け汁を分け，漬け汁を加熱して約半量に煮詰めた後，冷ます。野菜と煮詰めた漬け汁をあわせる。漬け汁が少ない場合には追加をして野菜が漬かるようにする。冷蔵庫で保存して，1 週間以内に食べる。

［参　考］ ◆◆◆

しょうゆ漬けのひとつで，それぞれの野菜は最盛期に塩漬けや乾燥して福神漬けの材料に用いる。材料を 7 種類用いるので七福神になぞらえて名が付けられた。市販のものには着色料が使用されているが，本実習ではしょうゆの自然の色が特徴である。

［学習のポイント］ ◆◆◆

1．漬物の漬かる原理を学ぶ。

ピクルス

4 野菜, きのこの加工

食品中の有機酸が一部解離して水素イオンが生じ, pH が低下すると微生物の発育を抑制することができる。特に食酢中の酢酸は抗菌効果が高い。酢漬けはまず塩漬けをし, 水分活性を低下させた後に食酢を含む調味液に漬けるために, 塩漬けの保存効果をさらに高めることができる。

1 きゅうりのピクルス

[原材料]

きゅうり 700 g (6〜7 本), 食塩 (下漬け用) 35 g (大さじ 2)

漬け液:食酢 200 mL, 水 200 mL, 砂糖 80 g, 食塩 25 g (大さじ 1.5), 粒こしょう 10 粒, たかのつめ 2 本, ローリエ 2 枚

[器 具]

マヨネーズビン 容量 140 mL (きゅうり約 1 本当たり) 全量を入れる容器でも可能

[操作手順]

1 日目 下漬け

(1) 下漬:きゅうりの両端を少しずつ切り落とし, 食塩をふって板ずりする。食塩が付いたまま重石をして, 一晩置く。

2 日目 本漬け

(1) 下処理:下漬けしたきゅうりを軽く水洗いし, 水気をペーパータオルでふきとる。きゅうりを熱湯消毒したマヨネーズビンに入る長さの拍子木に切って入れる。

(2) 漬け液の調製:漬け液をホーロー鍋で煮立て, ビンの口まで注ぎ入れる。

(3) ビン詰:冷暗所に保存する。3 日目以降から食べることができる。

ビン詰め方法

ビン詰めは, ビンに材料を詰めて脱気後密閉し加熱殺菌したもので, 外部から微生物の侵入を防ぎ, 無酸素状態で保存ができる。殺菌・脱気・密封・殺菌・冷却を完全に行うことが重要である (ジャム, マーマレード, 野菜の水煮にも利用できる)。

(1) 洗浄:ビンと蓋を洗剤できれいに洗う。

(2) 殺菌:鍋の底に布巾を敷き, ビンと蓋が浸かるまで水を入れ, 沸騰してから, 10 分間加熱する。そのまま置くかあるいは布巾の上にさかさまにして水気を切る。

(3) 充填:きゅうりをビンに入れ, 漬け液を浸るまで (口から 2 cm くらい) 入れる。

(4) 脱気:ビンの蓋を軽くのせ, ビンの 1 / 3 まで浸かる湯に入れて鍋の蓋をし, 沸騰し蒸気がたってから 10〜15 分加熱し脱気する。

(5) 密封:火を弱めビンの蓋を密封する。熱くて困難なときは鍋から取り出して行う。

(6) 殺菌:鍋に湯を足し, 蓋をしたビンを湯に入れて, 10〜15 分加熱し殺菌する。

78 第2部 実 習

⑺ 冷却：ぬるま湯から徐々に冷たい水に移し，できるだけ早く完全に冷ます。

⑻ 保存：ビンの水気を拭く。本実習は簡易漬けであるので，冷蔵庫保存が望ましい。

＊脱気および殺菌の時間は，ビンの大きさや内容物により異なる。

＊長期保存するには下漬け後のきゅうりを熱湯にくぐらせてから用いるとよい。

❷ 簡単ピクルス

[原材料] ◆◆◆

きゅうり 300〜400 g（3本），カリフラワー 150 g（1/2個），セロリ 200 g（2本），にんじん 150 g（1本），食塩・食酢 少々（下処理用）

漬け液：ローリエ 2枚，粒こしょう 15粒，食酢 450 mL，水 300 mL，砂糖 160 g，食塩 18 g（大さじ1）

[器 具] ◆◆◆

保存容器

[操作手順] ◆◆◆

⑴ 下処理：きゅうりは両端を切り塩をふって板ずりし，一口大に切る。セロリはすじを取り，長さ3 cmの短冊切りにし薄い酢液に浸す。カリフラワーは一口大に切り，酢を加えた熱湯で2分ゆで，水気を切って冷ます。にんじんは一口大に切り，食塩を加えた熱湯で2分ゆで，冷ます。

⑵ 漬け液の調製：材料を鍋に入れてひと煮立ちさせ，砂糖，食塩が溶けたら火を止めてローリエ，粒こしょうを加え，よく冷ましておく。

⑶ 漬込：下処理した野菜と冷ました漬け液を，熱湯消毒した保存容器に入れる。冷蔵庫に入れて，2日後には味がなじみ食べられる。10日以内に食べるのがよい。

[参 考] ◆◆◆

酢漬けにはらっきょう漬け，千枚漬け，ザワークラウトなどがあり，魚を塩じめにした後，酢に漬けるママカリ漬けなどもある。ピクルスも酢漬けのひとつで，酢の種類，スパイス，ハーブの種類を変えて，風味の異なるものをつくることができる。

[学習のポイント] ◆◆◆

1．簡単なスイートピクルスのつくり方を学ぶ。

2．ビン詰め方法を学ぶ。

参考文献

吉田企世子編『食品加工実習・実験書』医歯薬出版，1993

4 野菜，きのこの加工　79

4 野菜，きのこの加工　しょうがの漬物

　甘酢漬けは，食酢を用いることで pH を低下させ，微生物の発育を抑制し，保存効果を高める。新しょうがを甘酢につけると酸性になり，しょうが中のアントシアニンがうすい赤色を呈する。

　砂糖漬けは果実や野菜類を糖液で煮て，組織の中に糖分を十分にしみこませた後，さらに表面に砂糖を付けて乾燥し，仕上げたものである。砂糖の強い浸透圧の作用，水分活性の低下と保水性を利用して保存性を高めている。徐々に砂糖濃度を上げて砂糖を浸透させて，表面に糖の結晶が出ないように光沢のある糖衣をつけたものをグラッセといい，表面に糖の結晶を析出させたものをクリスタルという。

❶ 新しょうがの甘酢漬け

[原材料]

　新しょうが 300 g，食酢 200 mL，砂糖 45 g，食塩 3 g

[器　具]

　ホーロー鍋，ざる，保存容器（マヨネーズビン 450 mL 容量以上が適当）

[操作手順]

(1)　水洗：新しょうがをたわしで洗い，汚れた皮をむく。

(2)　細刻：繊維にそって 2 mm の厚さに薄く切り，すぐに水に入れる。

(3)　水さらし：10 分程度水にさらし，ざるにあげる。

(4)　加熱：新しょうがを熱湯に入れ，しんなりするまでゆで，ざるに取り水気を切る。

(5)　甘酢液調製：ホーロー鍋で食酢，砂糖，食塩を煮立て，溶かしておく。

(6)　漬込：煮沸消毒した保存容器に，新しょうがと甘酢液を入れる。

❷ しょうがの砂糖漬け

[原材料]

　しょうが 500 g，砂糖（煮詰用）750 g，砂糖（仕上げ用）125 g，クエン酸 2.5 g

[器　具]

　ホーロー鍋，金網

[操作手順]

(1)　下処理：しょうがをきれいに水洗いし，表皮を包丁で丁寧に除き，繊維にそって 2 mm の厚さに薄く切り，水に入れる。

(2)　加熱：しょうがが浸かる程度の水にクエン酸を溶かし，しょうがを入れて 5 分間加熱する。しょうがをざるに取り，ゆで汁を捨てる。鍋に水を再度入れ，しょうがを入れて沸騰後 5 分間加熱する。

80　第2部　実習

⑶　水さらし：しょうがを30分～1時間程度流水で水さらしをして辛味を除く。

⑷　煮熟：しょうがが浸かる程度の水と煮詰用の砂糖を入れて沸騰させ，その中に水切りしたしょうがを入れる。弱火で1～2時間ゆっくりと煮詰める。

⑸　仕上：しょうががべっ甲色となり，糖液が煮詰まって，ねばりが出てきたら，しょうがを取り出し，金網に一枚ずつ広げて乾燥する。表面に多少の水分が残り，ねばねばした状態のときに仕上げ用の砂糖をつける。

　　＊残った糖液はしょうが味のシロップとして湯で薄め，しょうが汁として飲める。

[参　考]　◆◆◆

　しょうがの漬物は常温で保存できるが，保存中に汚れた箸などを使用するとカビがはえることがあるので注意が必要である（ビン等の密閉容器に入れて保存するとよい）。

　砂糖漬けの材料として，果物ではりんご，もも，なし，あんず，いちじく，かんきつ類の果皮，くり，野菜ではふき，しょうが，れんこんなどがある。

　しょうがは香辛料として使われ，香りが強く適度な辛味をもつ。香りの主成分はジンギベレンで，辛味成分はジンゲロール，ショウガオールなどである。食品の生臭みを消す効果があるほか，身体を暖め，胃液の分泌を促進し，消化を助ける。

アントシアニンのpHによる色調と構造の変化

資料：久保田紀久枝・森光康次郎編『食品学―食品成分と機能性（第2版補訂）』東京化学同人，2011，p.85

[学習のポイント]　◆◆◆

1．酢漬けの原理を学ぶ。

2．アントシアニンのpHによる色の変化を学ぶ。

3．糖蔵の原理を学ぶ。

4．褐変の防止方法を学ぶ。

5．水分活性について理解を深める。

6．しょうがの辛味成分について調べる。

参考文献

森孝夫編『食品加工学―新ガイドライン準拠』化学同人，2003

4 野菜, きのこの加工　　たくあん漬け

　野菜を食塩や砂糖などと接触させると, その浸透圧により, 細胞膜が破壊される。損傷を受けた細胞膜を通して溶質が細胞内に入り込み, 食材のもつ呈味成分と混じり合った結果出来上がるのが漬物である。漬物は原料野菜の漬かり方によって, 浅漬けのような「野菜の風味が主体の新漬け」, ぬか漬けなどの「野菜の味と発酵産物の味の混和した発酵漬物」, 前処理として長期の高塩蔵後に脱塩し, 調味液で浸み込ませた福神漬けや甘酢漬けなどの「調味液の味が主体の古漬け」に分類される。漬物工業の近代化に伴い, 品質管理の困難さのため, 発酵漬物は京漬物など一部に限られている。市販漬物のほとんどは, 塩やぬかによる下漬け後, 調味液による味付けを行ったものが主流となっている。この調味液漬けにより, 現在の漬物は十分に低塩化された。

　たくあん漬けはぬか漬けに分類され, 食塩, 米ぬか, だいこんが主原料となる。副原料としてとうがらしやウコン粉などを用いることもある。たくあん漬けの原料となるだいこんは, その脱水処理の違いにより, 干しだいこんを原料とするものと塩押しだいこんを原料とするものに大別される。さらに, これらを塩ぬかに漬け込み, 発酵熟成させたものが"たくあん"となる。従来のたくあん漬けは, ぬか床から取り出したときから風味が急速に劣化するため, 市販品は熟成後の"たくあん"をさらに調味液に浸漬したものになっている。

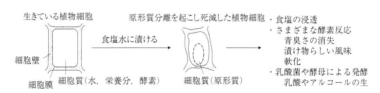

食塩による漬物の原理
資料：本間清一・村田容常編『食品加工貯蔵学』東京化学同人, 2011, p.37

[原材料]

　干しだいこん 10 kg（たくあん用のだいこんとしては, 理想系, 新八州, 秋まさりなどがある。入手しやすい時期は 11～12 月ぐらいである）, 米ぬか 700 g, 塩 550 g, とうがらし 10 g

　＊その他として, 乾燥ウコン粉, こんぶや果物の皮を干したものなどを適宜入れてもよい。目安としては, 干しだいこんに対し 0.5% 以内にする。

　調味液：漬け上がりのだいこん 1 kg に対し, 砂糖 150 g, 化学調味料 7.5 g, 食酢 20 g, 焼酎（20 度）90 mL, 水 180 mL

[器　具]

　漬物樽（0.5～1 斗樽, 10～15 L 容, 落とし蓋付き）, 重石（5 kg×3 個）, 漬物袋

82　第2部　実　習

[操作手順] ◆◆◆

⑴　乾燥：葉付きのままだいこんを“つ”の字から“の”の字の中間程度になるまで乾燥させる。

⑵　塩ぬか：だいこん以外の原料をすべて混合する。

⑶　漬込(下漬)：葉の部分は切り落とす。樽に袋を入れ，底に塩ぬかを少量入れ，その上にだいこんを丸めながら隙間なく詰めていく。塩ぬかの量を少しずつ増やしながら，だいこんと塩ぬかと交互に着け込む。だいこんをすべて漬け込んだら，残りの塩と葉を入れて，内蓋と重石（5 kg）をする。残りの重石で袋の口を押さえ，冷蔵庫に入れる。水が上がってきたら，重石を減らす。

⑷　仕上漬け：1〜2カ月後，適当なサイズの袋に調味液とともに漬込み，75℃，30分間加熱する。

⑸　製品：2〜3日したら食べられる。

[参　考] ◆◆◆

　干すことが不可能な場合は，塩押し法を用いる。だいこんに対し 8％量の塩で，2倍重量の重石を使い，塩ごろしを行う。2〜3日漬けた後，天地替えを行う。計1週間程度で十分に脱水ができる。

　干しだいこんの乾燥の目安は，乾燥期間4〜6日で“く”の字（水分90〜91％，歩留まり50％），7〜10日で“つ”の字（水分88〜89％，歩留まり40％），10〜15日で“の”の字（水分85〜86％，歩留まり30％）になる。

　たくあん漬けは黄色というイメージがあり，着色料を使用している。これは，もともとだいこんを塩漬けにすると，自然に黄色に着色することに由来する。この黄変化にはだいこんの辛味成分である 4−methylthio−3−butenyl isothiocyanate が関与しており，漬物用の品種はこの含量が高い。

[学習のポイント] ◆◆◆

1．現在の漬物の主流がなぜ調味液漬けになっているか考える。

2．日本農林規格（JAS）による漬物の分類を知る。

参考文献

佐竹秀雄著『漬物─漬け方・売り方・施設のつくり方』農山漁村文化協会，1999

小川敏男著『漬物製造学（第2版）』朝倉書店，1999

前田安彦著『漬物学─その化学と製造技術』幸書房，2002

4 野菜，きのこの加工　83

4 野菜，きのこの加工　　キムチ

朝鮮漬物は「野菜および薬味を魚醤を使って漬け込んだ弱い呈味の調味漬け」と定義できる。野菜や薬味の多様な組み合わせのため種類が多いと思われているが，ペチュキムチ系，カクトゥギ系，トンチミー系の 3 種に大別される。朝鮮漬物の大きな特徴は，日本の漬物とは異なり，料理にも使われていることである。はくさいなどの菜類の葉の間に薬味を挟み込みつくったものがペチュキムチ系漬物といい，キムチというとこれを指す。

[原材料] ◆◆◆

はくさい 1 株（約 2 kg，塩漬け後 1.6 kg），食塩（はくさいに対し 2.5 ％重量），2.5 ％食塩水（はくさいに対し 20 ％量）

キムチヤンニョム（キムチダレ）

だいこん 300 g（千切り），にんじん 50 g（千切り），にら 50 g，たまねぎ 100 g（薄切り），長ねぎ 50 g（細切り），食塩（野菜に対し 1 ％量）

調味料：赤とうがらし 50 g，あみの塩辛 50 g，魚醤 35 g，おろしにんにく 50 g，おろししょうが 10 g，すりおろしりんご 75 g，はちみつ 10 g，砂糖 15 g

のり：だし 325 mL，白玉粉（もち米粉）30 g

[器　具] ◆◆◆

蓋付き容器（はくさいの葉を折らずに入れられる大きさのもの)，ざる

[操作手順] ◆◆◆

(1)　下漬：はくさいは洗浄後，4 つ割にする。はくさい重量の 2.5 ％量の食塩を葉の間にすり込み，2.5 ％食塩水で 1 日下漬けをする。途中，天地替えを行う。

(2)　水切：下漬けしたはくさいを取り出し，しっかりと水を切る。

(3)　本漬：ヤンニョム（あらかじめつくっておく）を葉一枚ごと（特に根元）に塗る。保存用の容器に移し，できるだけ隙間なく詰めていく。詰め終わったらラップを敷き，落とし蓋をする。皿等で軽く重石をする（0.5 ～ 1 kg 程度）。

(4)　完成：2 ～ 3 日後が食べ頃になる。

ヤンニョム

(1)　下漬：ヤンニョム用の野菜に塩をふり，水分があがってきたら，固く絞る。

(2)　のり：いりこだし等でだし汁をつくり，白玉粉等を入れ，のりをつくる。

(3)　混合：あみの塩辛は，たたいて細かくしておく。脱水後の野菜，調味料およびのりをよく混ぜ合わせる。最後に，出来上がったヤンニョムに対し食塩 1.5 ％量を加える。

[参　考] ◆◆◆

カクトゥギ系漬物はだいこんやきゅうりなどの堅い野菜を角切りにして仕上げたも

の，あるいはそのまま漬けたもののことをいう。日本の焼肉店，韓国料理店でよく見かけるのは，ペチュキムチとこの系統のだいこん角切りのカクトゥギやきゅうりのオイキムチの3つである。

　トンチミー系漬物は，日本人にはほとんどなじみがないが，朝鮮では，漬け汁が主体の漬物，あるいは漬け汁が多い水キムチのようなもので，漬けた野菜を食べるだけでなく，上がり水も楽しむキムチになる。また，この上がり水は冷麺のスープに入れたりもする。

● とうがらしについて

　中南米を原産とするナス科トウガラシ属（*Capsicum*）の果実である。一般に緑のものは青とうがらし，熟したものは赤とうがらしと呼ばれ，ビタミンAとビタミンCが豊富である。香辛料は辛味作用，着色作用のほか，抗菌，防カビ，体熱産生，消化促進作用などがある。

［学習のポイント］ ◆◆◆

1．とうがらしをきかせた朝鮮漬物の普及と日本人の食生活の変化との関係を考えてみる。

2．にんにくやしょうがの風味の役割以外に衛生的な役割を考える。

参考文献

佐竹秀雄著『漬物—漬け方・売り方・施設のつくり方』農山漁村文化協会，1999

小川敏男著『漬物製造学（第2版）』朝倉書店，1999

前田安彦著『漬物学—その化学と製造技術』幸書房，2002

なめたけ

4 野菜，きのこの加工

なめたけは，えのきたけ（*Flammulina velutipes*）の俗称であり，えのきたけのもやし型の人工栽培品や地方名である。えのきたけは，木紛などを用いた人工栽培が普及し，広く食用として利用されているきのこである。一般に「なめたけ」の名で売られているビン詰めは，えのきたけをしょうゆなどで味付けし，ビン詰めしたきのこの加工食品である。

[原材料]

えのきたけ 300 g，水 75 mL，しょうゆ 50 mL，食塩 3.9 g，砂糖 8.0 g，うま味調味料 1.8 g，クエン酸 0.6 g，アスコルビン酸 0.3 g，みりん 15 g

[器　具]

片手鍋，はかり，屈折糖度計（10 ～ 40 度），ざる，包丁，まな板，へら，計量カップ，蓋付き広口ビン（200 mL）

[操作手順]

(1) 切断：えのきたけの根元（いしづき）を取り除き，3 等分に切り分ける。

(2) 秤量：はかりを用いて切り分けたえのきたけをはかりとる。

(3) 混合：水，しょうゆ，食塩，砂糖，うま味調味料，クエン酸，アスコルビン酸，みりんを片手鍋に入れ，火にかけて混ぜ，均一にする。

(4) 加熱・濃縮：(3)にえのきたけを入れ，へらで撹拌しながら糖度が 25 ～ 30 度になるまで約 10 分程度煮詰める。加熱開始時の糖度は 14～15 度である。

(5) 充填・脱気：ビンはあらかじめ煮沸殺菌し，水分をよくきっておく。熱いうちにビンに詰め，軽く蓋をした後，沸騰水に入れ脱気する。

(6) 殺菌：ビンの蓋を締め，沸騰水に入れ殺菌した後，ビンを逆さまにした状態で粗熱をとる。

[参　考]

えのきたけはきのこ類のなかでも最も生産量が多い。栄養成分としては，きのこ類のなかでビタミン B_1 が比較的多い。きのこの呈味成分は 5'-グアニル酸があり，ほかにグルタミン酸などのアミノ酸も関係する。また，トレハロースやマンニトールなども存在する。

[学習のポイント]

1．きのこの分類を学ぶ。

2．きのこの栄養成分について考える。

参考文献

小原哲二郎・細谷憲政監修『簡明　食辞林』樹村房，1997

菅原龍幸編『キノコの科学』朝倉書店，1997

4 野菜，きのこの加工　　乾しいたけ

しいたけ（*Lentinula edodes*）は，日本において長く食されてきた代表的な食用きのこである。乾しいたけは，天然乾燥（天日）や人工乾燥（熱風乾燥，真空凍結乾燥，赤外線乾燥等）により加工した食品である。乾しいたけ中の水分量は 10 ％程度である。熱風乾燥の場合，一般的に，はじめ数時間は 40 ℃前後で乾燥をし，その後，徐々に加温し，最終温度 60 ℃で通風乾燥する。その大きさや形状等により乾燥時間は異なる。

乾しいたけは，水もどし時に独特の香気成分であるレンチオニンを発生する。レンチオニンは，環状ポリスルフィド構造を有し，前駆体である含硫ペプチドのレンチニン酸に，γ−グルタミルトランスフェラーゼやシステインスルホキシドリアーゼが作用することで生成される特有の香り成分である。しいたけの熱風乾燥には専用の乾燥機を利用することが望ましいが，本書では棚式乾燥機を用いたつくり方を示す。

［原材料］◆◆◆
生しいたけ

［器　具］◆◆◆
棚式乾燥機，ざる，包丁，まな板

［操作手順］◆◆◆
(1)　塵除去：生しいたけ表面に付着した塵などを取り除く。
(2)　切断：しいたけの柄部を切り落とし，傘部を 3 〜 5 mm 程度にスライスする。
(3)　乾燥：ざるにスライスしたしいたけを敷き，加温された乾燥機に入れ 40 ℃で 2時間通風乾燥させる。
(4)　最終乾燥：乾燥機の温度を徐々に加温し（3 時間程度），最終温度 60 ℃で 2 時間通風乾燥させる。

［参　考］◆◆◆
乾しいたけは傘部の開傘程度によって，開傘度が 60 〜 80 ％の冬菇，90 〜 100 ％の香信，その中間の香菇に分けられる。また，乾燥の形状としても，ホール，スライス，みじん切りなどが存在する。

［学習のポイント］◆◆◆
1．乾しいたけの香気成分を知る。
2．乾しいたけに含まれるビタミン D について知る。
3．食品の乾燥方法を学ぶとともに食品を乾燥する目的をあげる。

参考文献
水野卓・川合正允編著『キノコの化学・生化学』学会出版センター，1992
菅原龍幸編『キノコの科学』朝倉書店，1997
中村克哉編『キノコの事典』朝倉書店，1982

5 果実類の加工 — ジャム

　日本農林規格（JAS）では，ジャム類とは，果実等を糖類とともにゼリー化するまで煮詰めたもので，ゲル化剤（ペクチン），酸味料，香料を加えてもよいとされている。また，果実の原形を保持させたものをプレザーブスタイルといい，果皮を含むものをマーマレードという。保存食としてつくられはじめたジャムの糖度は当初は65％以上（果実中ペクチンのゲル化に必要な糖度でもある）となっていたが，保存技術の進歩や嗜好の変化等にともない，現在では40％以上（可溶性固形分）に改定されている。

　果物中ペクチンのメトキシル基含量は7～12％で，このように，メトキシル基を7％以上含むペクチンを高メトキシペクチン（HMペクチン；メチル化50％以上）といい，7％未満を低メトキシペクチン（LMペクチン；メチル化50％未満）という。HMペクチンのゲル化には，酸と糖の共存が必要であり，ペクチンが0.7～1.6％，有機酸（クエン酸として）0.2～0.3％（pH 2.8～3.6），糖は60～68％の範囲内でゲル化するが，最適量は各成分含量の相互作用で変わってくる。

　ゲル化は，ペクチンと糖－酸－水との間に形成された水素結合を介してペクチン同士が網目構造をつくった結果である。LMペクチンは，少量の二価金属イオン（カルシウムイオンなど）の存在下でゲル化する。カルシウムイオンがペクチン分子間に架橋構造をつくるためと考えられている。砂糖を添加しなくてもゲル化することから，甘さを抑えた低糖度ジャムに用いられる。このゲルはpH 2.6～6.5まで安定である。なお，未熟果物中にはセルロースなどと結合した水に不溶性のプロトペクチンが存在している。このペクチンは熟した果物中の水溶性ペクチンのようにゲル化しないので，ジャムをつくる場合は，よく熟した果物を用いなければならない。

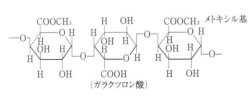

ペクチンの構造　　　　　　　　　　　**水素結合**

高メトキシルペクチンのゲル化機構
ペクチンのカルボキシル基が有機酸の影響で解離が抑えられ，添加した糖により脱水され，水素結合などが生じ，網目構造が形成される。
資料：川端晶子著『食品物性学』建帛社，1989より

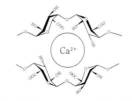

低メトキシルペクチンのゲル化機構
Ca^{2+}がペクチン鎖の－COO^-とイオン結合をして架橋し網目構造を形成する。

88　第2部　実　習

① いちごジャム

[原材料] ◆◆◆

　いちご1kg（酸味が強く，よく熟した色鮮やかなものがよい），砂糖（いちご重量の70〜85％），クエン酸0.5g

[器　具] ◆◆◆

　ざる，ボウル，はかり，鍋（ステンレス製鍋またはホーロー鍋），木じゃくし，屈折糖度計，蓋付き広口ビン，厚手ゴム手袋

[操作手順] ◆◆◆

(1)　洗浄・へた除去：いちごを傷つけないように洗い，へたを取る。

(2)　計量：水切りしたいちごの重量を計量(A)し，必要な砂糖重量を計算し計量する。

(3)　加熱：鍋の重量を計量(B)した後，いちごを鍋に入れ，焦げないよう注意しながら加熱し果汁を浸出させる。

(4)　加熱・濃縮：果汁が十分に出てきたところで火力をやや強め，焦げないように撹拌しながら加熱・濃縮を続け，アクを丁寧に取り除く。プレザーブスタイルにする場合は，いちごの形をなるべく崩さないように注意する。

(5)　加糖：鍋ごといちごの重量を計量（計量値−鍋重量(B)），いちごの重量を元重量(A)の約70％にしたら，まず砂糖半量を加え溶解し，さらに残りの砂糖を加える。

(6)　仕上：極少量の水に溶解したクエン酸を加え撹拌し，数分間加熱濃縮を続ける。仕上がり点はコップテストで判断し，加熱を終了させる。その後，すみやかに屈折糖度計で糖度を測定する（製品の最終糖度60〜65％）。

(7)　充填・殺菌：前もってビンと蓋の煮沸殺菌（90℃以上，10分間）を済ませておく。ビンにジャムを熱いうちに充填し，蓋を軽く締めて90℃以上，10分間脱気した後，蓋を固く締めて引き続き20分間の煮沸殺菌をする。ビンを取り出し逆さにして自然冷却する。厚手ゴム手袋を用い操作を行う。

② りんごジャム

[原材料] ◆◆◆

　りんご600g（紅玉など酸味のあるもの），砂糖350〜450g，1％食塩水，水 適量

[器　具] ◆◆◆

　鍋（ステンレス製鍋またはホーロー鍋），ボウル（ステンレス製），木じゃくし，蓋付き広口ビン

[操作手順] ◆◆◆

(1)　剥皮・切断：水洗後，剥皮して二つ割または四つ割りにし，除核して薄切りにする（以下「調整りんご」）。褐変防止のため1％食塩水に浸漬。水切りし重量を量る。

(2)　色素液（ゼリー基液）の調製：果皮をボウルに入れて1.5倍量の水を加え，30

分加熱したら搾汁する。この液体は果皮の色素とペクチンを含み，製品の色付けとゼリー化に役立つ。

(3) 煮熟：調整りんごに対し 1／2 量の水を加え，パルプ状になるまで煮る。ミキサーで破砕するとさらに緻密なパルプができる。

(4) 煮詰：煮熟した調整りんごと色素液を合わせた重量の 50％量に相当する砂糖を 2〜3 回に分けて加え，撹拌しながらなるべく強火で短時間に煮詰める。このとき，0.2％のクエン酸を加えるとジャムの赤色がいっそう鮮やかになる。煮熟の終点は，コップテストやスプーンテストで判定する。

(5) 充填・殺菌：熱いうちにビンに詰めて軽く蓋をし，100℃で 15 分ほど脱気・殺菌し，直ちに密封する。あらかじめ沸湯水で殺菌したビンの中に熱いうちに詰め，密封し蓋を下にしておいてもよい。

❸ にんじんジャム

[原材料]

にんじん 600 g，砂糖（パルプ重量の 80％），レモン汁 1 個分，粉末ペクチン（パルプ重量の 0.5％），クエン酸（パルプ重量の 0.7％）

[器 具]

包丁，まな板，鍋(ステンレス製鍋またはホーロー鍋)，ミキサー，裏ごし，木じゃくし，温度計，屈折糖度計，蓋付き広口ビン

[操作手順]

(1) 剥皮・切断：にんじんを洗って皮を剥き細切りにする。

(2) 煮熟：鍋ににんじんが浸る位の水を加えて強火〜中火で柔らかくなるまで煮る。

(3) 破砕：にんじんをミキサーで破砕する。水分が足りなければ煮汁で調整する。

(4) 裏ごし：(3)を裏ごししてパルプとする。糖度，pH，重量を測定する。

(5) 加糖・濃縮：にんじんパルプを鍋に入れ，砂糖を 3 回に分けて加え，焦げないように撹拌しながら濃縮する。ペクチン，クエン酸は 3 回目の砂糖と同時に加える。

(6) 終点判別：コップテストをしてゲル化を確認し，最終温度，濃縮時間，製品の糖度，pH，重量を記録する。

(7) 仕上：品温が 80℃以下になったらレモン汁を加え混合する。レモンの風味はにんじんのにおいを抑える効果がある。

(8) 充填：熱いうちに耐熱容器に充填し密封する。〔ホットパック〕

❹ 冷凍いちごジャム

[原材料]

冷凍いちご（品種：カマロッサ，砂糖漬け：いちご 875 g，砂糖 125 g（7：1），

糖度7°）1 kg，砂糖 200 g × 3，ペクチン 6.2 g，クエン酸 3 g（水大さじ2）

[器 具] ◆◆◆

鍋（ステンレス製鍋またはホーロー鍋），木じゃくし，屈折糖度計，蓋付き広口ビン

[操作手順] ◆◆◆

(1) 選別：冷凍いちごは解凍し，葉や茎などを取る。

(2) 洗浄・殺菌：ビンと蓋は洗っておく。沸騰水に入れ殺菌する。

(3) 混合：砂糖 200 g とペクチンをよく混ぜる。

(4) 溶解：鍋に水 200 mL を入れて湯を沸かし，砂糖とペクチンの混合物を溶かす。

(5) 添加：砂糖とペクチンが溶けたところで解凍いちごを入れる。

(6) 加熱・加糖：沸騰したら3分間沸騰を続け，その後，砂糖 200 g を入れる。

(7) 加熱・加糖：さらに沸騰したら一度火を止め，いちごを軽く潰し（プレザーブスタイル），沸騰後，砂糖 200 g を入れる。

(8) 判定：屈折糖度計で糖度を測定し，Brix 58 ％（製品の最終糖度 60 ％）になったら煮詰めるのをやめる。ここでスプーンテスト，コップテストを行う。

(9) 仕上：大さじ2の水に溶解したクエン酸を入れ混ぜた後，アクを取り火を止める。

(10) 充填・殺菌：火傷に気をつけ，ビンに詰める。ビンの口の周りを拭き，蓋をして逆さにする。鍋にお湯を沸かし，85 ℃で 20 分間殺菌し，製品とする。

[参 考] ◆◆◆

● 原料について

いちご：とちおとめ，とよのか，女蜂は日本の代表的ないちごの品種であり，カマロッサはアメリカ，メキシコの代表品種で果肉が硬く中まで赤色のいちごである。ビタミンCが多く，赤色はアントシアニン由来で，ペラルゴニジンである。

りんご：紅玉，ふじ，王林など 20 種以上の品種がある。糖質はショ糖，果糖，ブドウ糖で，ペクチンが多い。りんごの蜜はソルビトールである。

にんじん：中央アジア原産セリ科の根菜で東洋種と西洋種があり，西洋種が主流である。色素の主体はカロテンでプロビタミン A，抗酸化作用の機能も期待される。有機酸の少ない野菜をジャムの原料とする場合はクエン酸やレモンで酸を補う。

ジャム原料果実の糖，酸，ペクチン含量

果実	糖（%）	酸（%）	ペクチン（%）
あんず	7～8	1.2～2.3	0.8 内外
いちご	5～11	0.5～1.0	0.6 内外
いちじく	7～10	0.3 内外	0.7 内外
もも	9～10	0.3～0.6	0.6 内外
りんご	10～15	0.5～1.0	0.6 内外
ラズベリー	10 内外	0.6～1.0	1.3～1.9

資料：木村進・福場博保・三浦洋編『食品の貯蔵と加工』同文書院，1976，p.179 を改変

● 仕上がり点の判断方法

コップテスト：水を入れたコップに濃縮液を滴下し，濃縮液がすぐに散らばらずに1本の筋状になり底部で柔らかいゼリーを形成するところ。固まったまま沈んだ場合は濃縮し過ぎである。

スプーンテスト：木じゃくしで濃縮液をすくい，面上に広げ，少し冷えてきたら木じゃくしを傾け，広がったままゆっくりと滴下する状態になったところ。

屈折計法：屈折糖度計で濃縮液の糖度を測定し，目標の糖度になったところ。

温度計法：濃縮液の温度が104〜105℃に上昇したところ。

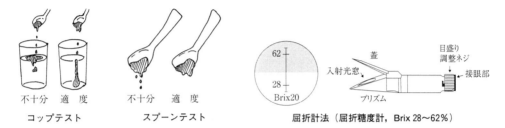

コップテスト　　スプーンテスト　　屈折計法（屈折糖度計，Brix 28〜62%）

● 砂糖の役割

砂糖は，果物中のペクチン（高メトキシルペクチン）のゲル化に必要なだけでなく，常温で水に67%溶け，水分活性（Aw）を約0.85にまで低下させ，一般の酵母や細菌の繁殖を抑え，製品に保存性を付与する。ただし，糖度を抑えた製品では水分活性が高くなっており，保存性がないので，開封後は早めに食べきる必要がある。また，ジャムは空気中の水分を取りこみ表面の糖度が下がるとカビが繁殖するので注意する。

[学習のポイント]

1．2種類のペクチンのゲル化条件を理解する。
2．ジャムの種類を知る。
3．糖度と水分活性と保存性の関係を理解する。
4．原料の品種や成分を理解する。
5．野菜でジャムをつくるときの留意点を理解する。

参考文献

社団法人日本缶詰協会著『缶詰入門』日本食糧新聞社，2010

小川正・的場輝佳編『食品加工学（改訂第3版）』南江堂，2003

福沢美喜男・筒井知己編著『食品加工実習』建帛社，1992

片岡榮子・鈴木敏郎・鈴野弘子ら『食品加工学実習―加工の基礎知識と品質試験』地人書館，2003

西村公雄・松井徳光編『食品加工学（第2版）』化学同人，2012

92　第2部　実習

5 果実類の加工
マーマレード

マーマレードは柑橘類を原料として，果皮も用いる。ゼリー状のゲルを形成するために必要なペクチンを果皮の白色部とじょうのう膜から抽出し，ペクチン液をつくり，果汁と苦味（ナリンギン）を除いた果皮の黄色部と砂糖を加えてゼリー状のゲルをつくる。あまなつのように酸味の弱い品種ではレモンを加えて酸を補うとよい。

[原材料] ◆◆◆

なつみかん（あまなつ）1.6 kg（4個），砂糖 900 g，レモン 1.5 個，食塩 15 g，塩酸（食品添加物用）7 mL，クエン酸 3 g，ペクチン 14 g

[器　具] ◆◆◆

ホーロー鍋，フードプロセッサー，ざる，屈折糖度計，蓋付き広口ビン

[操作手順] ◆◆◆

(1)　水洗：なつみかんはたわしを使って，皮を十分に水洗いする。

(2)　細刻：6つ割にし，果皮黄色部（フラベド）・果皮白色部（アルベド）・果肉（さじょう）に分ける。白色部はスプーンかナイフで削り，果皮黄色部は長さ3 cm，幅2～3 mm の細切りにする。

(3)　加熱：水2 Lに食塩15 gと細切りした果皮黄色部を入れて水から加熱し，沸騰後10分でいったんざるに取る。2回目は食塩を加えずに水を変え10分間加熱する。

(4)　水さらし：黄色部を流水で30分以上水にさらし，途中2～3回てのひらで押さえて苦味を押し出し，苦味が抜けたら，手で絞り水切りする(A)。

(5)　搾汁：果肉（さじょう）を手で割り，種子を除き，フードプロセッサーにかける。さらしを使って果汁を搾りとる(B)。

(6)　ペクチン抽出：果皮白色部とじょうのう膜をフードプロセッサーで細かく刻み，ホーロー鍋に水2 Lと塩酸7 mLを加えて水から加熱し，沸騰後3～4分で透き通ったらざるに取る。水洗いを3回以上し，水切りをする。ホーロー鍋に入れて水800 mLとクエン酸3 gを加え，10分以上煮る。煮汁に粘りと艶が出たら，熱いうちにさらしで絞ってペクチン汁を得る(C)。

(7)　煮熟：(A)，(B)，(C)を混合し，レモンを搾り入れて煮る。砂糖にペクチン14 gを混ぜておき，2～3回に分けて加える。仕上げ点はスプーンテスト，コップテストを用いるか，屈折糖度計で60%以上とする。粗熱を取ってビン詰めする。

[参　考] ◆◆◆

果皮を黄色部と白色部を分けずに下ゆでし，果汁と砂糖を煮熟する方法もある。

[学習のポイント] ◆◆◆

1．ジャムとマーマレードの違いについて学ぶ。

2．ジャムやマーマレードにどのような果実が適しているか調べる。

ジャムおよびマーマレードの日本農林規格（JAS）と用語の定義

用　語	定　　義
ジャム類	① 果実，野菜または花弁を砂糖類，糖アルコールまたははちみつとともにゼリー化するようになるまで加熱したもの ② ①に酒類，かんきつ類の果汁，ゲル化剤，酸味料，香料等を加えたもの
ジャム	ジャム類のうち，マーマレードおよびゼリー以外のものをいう。
マーマレード	ジャム類のうち，かんきつ類の果実を原料としたもので，かんきつ類の果皮が認められるものをいう。
ゼリー	ジャム類のうち，果実等の搾汁を原料としたものをいう。
プレザーブスタイル	ジャムのうち，ベリー類（いちごを除く）の果実を原料とするものにあっては全形の果実，いちごの果実を原料とするものにあっては全形または2つ割りの果実，ベリー類以外の果実等を原料とするものにあっては5 mm以上の厚さの果肉等の片を原料とし，その原形を保持するようにしたものをいう。

資料：平成27年5月28日農水省告示第1387号より

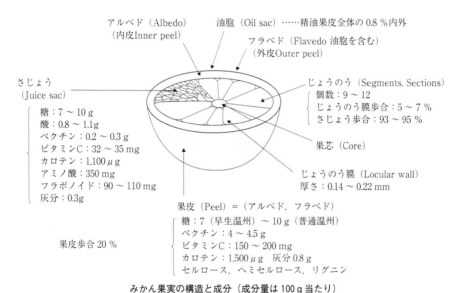

みかん果実の構造と成分（成分量は100 g当たり）

資料：杉田浩一ほか編『日本食品大事典』医歯薬出版，2008，p.231

参考文献

食品製造研究会編『図解やさしい食品加工』農業図書，1985

94   第2部 実習

5 果実類の加工   みかんのシラップ漬け

じょうのう膜を酸処理（ペクチン質可溶化）とアルカリ処理（ヘミセルロースなどの可溶化）で取り除くみかん缶詰の製造方法は，日本で開発された。缶詰，ビン詰食品は原材料を前処理して不可食部を除き，耐熱性の容器に入れ，密封後加熱殺菌を行った保存食品である。果実缶詰のシラップの糖濃度は食品表示法において① 10 ～ 14 ％未満（エキストラライト），② 14 ～ 18 ％未満（ライト），③ 18 ～ 22 ％未満（ヘビー），④ 22 ％以上（エキストラヘビー）の 4 つの段階に分けて種類を表示することが規定されている。現在，生産されている果実缶詰は，ヘビー（もも，パインアップル，洋なしなど）とライト（みかん，さくらんぼなど）が大部分を占めている。

[原材料] ◆◆◆

うんしゅうみかん 300 g（6 号缶 1 缶分）

じょうのう膜除去用試薬：クエン酸（食品添加物用）4 ％（40 g を 1 L の水に溶解する。本来は 1 ％塩酸溶液を使用する），水酸化ナトリウム（食品添加物用）0.2 ％（2 g を 1 L の水に溶解する。本来は 0.5 ％水酸化ナトリウム溶液を使用する。洗浄時間短縮のため低濃度にした）

シラップ：砂糖(A)％，クエン酸（食品添加物用）0.4 ％ ～ 0.8 ％ のシラップを 1 缶当たり 70 mL 調製する。

計算）内容総量 226 mL，固形量 135 g，糖濃度（ライト）17 ％ の 6 号缶 1 缶分のシラップの糖濃度は次のとおり計算する。

・1 缶分の総糖量 ＝ 226×17 / 100 ＝ 38.4 g
・肉詰量；135 g ÷（1 － 0.25）≒ 180 g，缶内での果肉の重量減少率 25 ％
・シラップ注入量 ＝ 226 － 180 ＝ 46 mL
・果肉中の糖分 ＝ 180× X / 100 ＝（B）g，X は屈折糖度計で測定した糖度
・1 缶分の砂糖量 ＝ 38.4 －（B）＝（C）g
・シラップの糖濃度（砂糖濃度）＝（C）/ 46×100 ＝（A）％（w/v）

例）果肉中糖度(X＝) 7 ％とすると，シラップの糖濃度は 56.1 ％（w/v）になる。

＊実際に調製するシラップ量 ＝ 46×1.5 ＝ 69 mL ≒ 70 mL，缶締時の損失量を考慮して注入量の 50 ％ 増にする。

[器 具] ◆◆◆

ざる，ボウル，はかり，ホーロービーカー，木じゃくし，温度計，屈折糖度計，5 号缶あるいは蓋付き広口ビン，巻締機（缶詰の場合），厚手ゴム手袋

[操作手順] ◆◆◆

(1) 剥皮・身割：みかんの外皮を剥き，じょうのう膜付果肉 1 個ずつに分割する。皮が張って剥きにくい場合は，熱湯中に 20 ～ 30 秒間湯通しすると果肉を潰さずきれ

いに剥くことができる。

(2) 酸浸漬：4％クエン酸溶液を50℃に加熱し，分割したみかんを入れ，約50分間温度を保ったまま浸漬する。浸漬している間，時々撹拌するが，果肉の形が崩れないように注意する。

(3) 水洗・水切：クエン酸溶液を捨て，水を半分位まで入れ捨てる。これを2回繰り返す。みかんをざるに取り，ざるごとボウルに受け，ボウルとざるの間から水を注ぎ流水中で5分間水さらしを行い，クエン酸を除去した後，水を切る。

(4) アルカリ浸漬：0.2％水酸化ナトリウム溶液を40℃に加温してからみかんを入れる。再び加温して40℃まで温度を上げたら火を止める。果肉の形が崩れないよう配慮しながら時々撹拌し，20分間浸漬する。

(5) 水洗・水切：水酸化ナトリウム溶液を捨て，水を半分位まで入れ捨てる。これを2回繰り返す。みかんをざるに取り，流水中で(3)と同様に水さらしを60分間（pH試験でアルカリを示さなくなるまで）行い水酸化ナトリウムを除去した後，水を切る。この作業中に，まだ残っているすじやじょうのう膜を取り除く。

缶　詰

(1) 選別・計量・肉詰：きれいな缶に水切りしたみかん（果肉）を230g（M約21～35個あるいはS約36個）量りとる。

(2) 脱気・密封：シラップを注入した後，湯煎で缶内の中心温度80℃まで加熱して脱気する。一方で，余ったシラップを80℃以上に温めておき，巻締機で巻き締める直前に溢れるくらいまで注ぎ入れた後，缶蓋をみかんの上にそっと置き，固定する（この際，シラップが溢れ，缶内に空気が残るのを防げる）。二重に巻き締める。

(3) 熱湯に巻き締めた缶を入れ30分間煮沸殺菌した後，流水中で冷却する。なお，酸を含む食品（pH 3.5～4.5）は低温殺菌（100℃以下）処理が行われる。

ビン詰

(1) 規格に合わせて缶詰と同じ要領で総量，肉詰め量，シラップ注入量を決める。

(2) 前もってビンと蓋の煮沸殺菌（90℃以上，10分間）を済ませておく。ビンに果肉とシラップを詰め，蓋を軽く締めて90℃以上，10分間脱気した後，蓋を固く締め引き続き30分間煮沸殺菌をする。ビンを取り出し逆さにして自然冷却する（急冷するとビンが壊れる）。厚手ゴム手袋を用い操作を行う。

[参　考] ◆◆◆

● 品質にかかわる問題

果肉中のヘスペリジンが析出して液汁が白濁することがある。早期収穫の果実に多い。害のないものであるがヘスペリジナーゼ等を添加し防止することができる。

缶素材により，ブリキ缶（鋼板にスズを薄くメッキしたもの），塗装缶（ブリキにエポキシ樹脂などを塗装したもの），ラミネート缶がある。酸の多い果実などに限り，

鉄の溶出抑制やスズの還元作用による内容物中のビタミンCや風味の保護に有効であるということから，ブリキ缶が利用されることがある。しかし，酸素により缶の腐食が進むとスズが大量に溶出し下痢や嘔吐を招くことがあるので，容器に封入される酸素をできるだけ取り除くこと，開缶後はすみやかに別の容器に移し替えることをしなければならない。

[学習のポイント] ◆◆◆

1．シラップの糖度の決定方法を知る。
2．缶の材質の特徴を知る。
3．低 pH 食品の殺菌方法を知る。

参考文献

社団法人日本缶詰協会著『缶詰入門』日本食糧新聞社，2010

小川正・的場輝佳編『食品加工学（改訂第 3 版）』南江堂，2003

福沢美喜男・筒井知己編著『食品加工実習』建帛社，1992

6 畜肉の加工　　97

6 畜肉の加工

ソーセージ

　ソーセージは，生肉もしくは塩蔵肉，それ以外の調理素材（血液，皮，内臓など）を細切りした後，調味料や香辛料を加えて練り合わせ，ケーシングに詰めたものである。種類はドメスチックソーセージ，ドライソーセージおよび発酵ソーセージのほか，混合製品（混合ソーセージ，混合加圧ソーセージ）がある。ソーセージの大部分はドメスチックソーセージで，水分含量は 50 ～ 60 %，フレッシュ，スモーク，クックドソーセージがある。日本農林規格（JAS）では，製品の太さによりウインナー（20 mm 未満），フランクフルト（20 ～ 36 mm），ボロニア（36 mm 以上）と規定されている。ソーセージは塩漬により，肉中から主要なたんぱく質であるアクトミオシンが可溶化し，練り肉は強い結着力と保水力をもった粘性の肉となる。加熱工程においてアクトミオシンはゲルネットワーク構造を形成し，水分，脂肪等を包み込み，弾力のあるソーセージ特有の物性を発現する。

① 簡単ウインナーソーセージ

[原材料] ◆◆◆

　豚ひき肉 200 g，豚背脂 20 g，片栗粉 小さじ 1，塩 5 g，氷 50 g，スパイス（白こしょう 0.3 g，黒こしょう 0.3 g），羊腸 2 m

[器　具] ◆◆◆

　ボウル，鍋，しぼり袋，口金，手袋，温度計

[操作手順] ◆◆◆

(1) 塩抜：羊腸はプラスチックに付いた状態で水洗いし，塩抜きをしておく。

(2) 肉挽：ボウルにひき肉と小さく切った背脂を入れ，塩，香辛料を加える。

(3) 練り：温度が上がらないように氷を半量入れ，手袋をして粘りが出るまでよく捏ねる。粘りが出てきたら片栗粉と残りの氷を入れ，さらによく練る。

(4) 絞り袋詰め：口金を絞り袋に通し，羊腸の口を広げ口金にたくしあげる。絞り袋に空気を抜いた肉を詰める。

(5) 充填：絞り袋の上から肉が出ないようにしっかりねじって押さえ，絞り袋を押して口金から肉を出す。このとき羊腸の先は結ばないこと。羊腸が破れないようにゆっくりと同じ力で肉を絞り出し，同じ太さにする。

(6) 結紮：詰め終えたら太さが同じになるようにしごき，腸がやぶれないように半分の長さにしてねじり二等分にし，ねじった部分から 6 ～ 7 cm ごとに 2 本ずつ一緒にねじり，ねじったら輪に一本をくぐらせ，これを繰り返して最後は両端を結ぶ。

(7) 湯を沸かした鍋にソーセージを入れ 20 分間，75℃ で加熱する。温度が高すぎると脂が溶け出すので温度は守ること。加温が終わったら，食べる前に炒めるとよい。

❷ ウインナーソーセージ

[原材料] ◆◆◆

豚赤肉 520 g，豚脂 130 g，砕氷 142 g，羊腸 1 / 30 ハンク（3.05 m），スモーク材（サクラ）少量，食肉製品用塩漬剤 50 g（練り上がり総量に対し 6 ％になるよう添加する）

塩漬剤の配合：カゼイン Na 11.67 ％，ポリリン酸 Na 4.85 ％，L–グルタミン酸 Na 4.17 ％，L–アスコルビン酸 Na 1.67 ％，香辛料抽出物 0.26 ％，亜硝酸 Na 0.17 ％，メタリン酸 Na 0.15 ％，燻液 0.05 ％，アラビアガム 0.04 ％，香料 0.02 ％，食品素材 76.95 ％

塩漬剤の表示例：水あめ，食塩，砂糖，カゼイン Na，香辛料，リン酸塩（Na），調味料（アミノ酸），酸化防止剤（ビタミン C），発色剤（亜硝酸 Na），くん液，香料

[器 具] ◆◆◆

ボウル，ゴムべら，ミートチョッパー，サイレントカッター（フードカッター），スタッファー（ソーセージ用充填機），燻煙箱，鍋，温度計，包装機

[操作手順] ◆◆◆

(1) 肉挽：あらかじめ筋などを除いた豚赤肉および豚脂を，ミートチョッパーで各々 3 mm のプレートで挽く（購入時に挽いてもらうと便利である）。粗挽きタイプの場合は，豚赤肉および豚脂を同時に 5 mm プレートで挽く。

(2) 細切：最初に豚赤肉と砕氷（1 / 3 量）を入れ，これに塩漬剤と砕氷（1 / 3 量），さらに豚脂と砕氷（残り）の順に，サイレントカッターを用いて粘りが出るまでカッティング（細切り）する。温度が 5 ℃以下になるよう注意する。8 ℃以上では肉汁の溶出，結着性の低下が起きる。ボウルの下に氷を入れるなど工夫して冷却する。砕氷は細切り時の温度上昇の防止と肉の硬さを調節する。

(3) 充填・脱気：塩漬羊腸はあらかじめ水中で 1 時間ほど脱塩し，スタッファーのノズルに腸が重ならないようにセットする。原料中の空気を抜くようスタッファーに投げ入れ，少し原料を絞り出した後，羊腸の先端を結んでから，7 ～ 8 割程度に詰める。空気が混入した箇所に針で穴を開け，転がすようにして空気を抜く。

(4) 結紮：羊腸を半分に折り指でつぶし 1 回ひねり，適度な長さ（5 ～ 10 cm）で 2 本一緒に指でつぶしてから 1 回ひねり，できた輪の中に片方を通す。この作業を繰り返す。最後に羊腸の端を結ぶ。上記作業を行わず，タコ糸で縛ってもよい。人工ケーシングではひねるだけでもよい。

(5) 乾燥：燻煙箱に吊るし，60 ℃で約 20 分間表面を乾燥させる。

(6) 燻煙：燻煙箱に吊るしたまま，65 ℃で約 20 分間燻煙する。

(7) 湯煮：中心温度が 63 ℃で 30 分間，75 ℃で 20 分間程度，低温殺菌する。

(8) 冷却：すぐに食べない場合は，氷水中で速やかに冷却後，水分をふきとる。

(9) 包装：包装機などで包装し，冷蔵保存する。

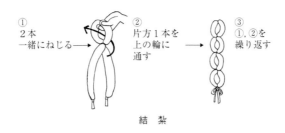

結紮

[参考]

ケーシングには天然と人工があり，前者は形状が曲がるが食感が良く，後者は直線状で扱いやすい。通気性のない人工ケーシングを使用する場合は，燻煙は行わず，スモークシーズ等を塩漬剤とともに混合する。後者は可食性と不可食性がある。

ケーシングの太さによるソーセージの種類

ウインナー	羊腸または製品の太さ 20 mm 未満のもの
フランクフルト	豚腸または製品の太さ 20 以上 36 mm 未満のもの
ボロニア	牛腸または製品の太さ 36 mm 以上のもの

　食肉加工品は，畜肉を利用した加工食品の総称であり，ハム，ベーコン，ソーセージ類をはじめとした燻製品を主体に多くの種類があり，広義には肉缶詰，乾燥肉，味噌漬なども含まれる。主な製造工程には，塩漬，乾燥・燻煙，湯煮・冷却がある。

　塩漬は，食塩，発色剤，香辛料，砂糖，調味料などで処理することで製品の貯蔵性を高めるほか，風味，色沢，保水性，結着性などを高める。発色剤である硝酸塩，亜硝酸塩はボツリヌス菌などの細菌の繁殖抑制のほか，色素たんぱく質のミオグロビンと結合しニトロソミオグロビンとなり，加熱によりニトロソミオクロモーゲンに変わり，肉色を安定させる。

　乾燥は，燻煙時に肉表面の水分により煙成分が流出するのを防止する。燻煙は木を燃焼させ発生した殺菌効果を示す煙成分（フェノール類，アルデヒド類，ケトン類，有機酸類など）による貯蔵性の向上のほか，発色促進，香味の付与，脂質の酸化防止，自己消化の促進などがある。

　湯煮は脂質の溶出を抑えるため，70～75℃（中心温度 63～65℃）で数十分間保持する低温殺菌であり，保存性の向上や適度な硬さ，弾力性の付与，燻煙臭の緩和を目的とする。殺菌後は速やかに冷却し微生物の繁殖を抑制する。

[学習のポイント]

1．ソーセージの種類を知る。
2．ソーセージ特有の物性について学ぶ。
3．塩漬の目的を知る。

6 畜肉の加工　　ベーコン

　ベーコンは，本来豚のバラ肉を整形後，乾塩法により塩漬，燻煙したもので，ベリーベーコンともいう。日本農林規格（JAS）では使用する肉の部位により，ロースベーコン（ロース肉），ショルダーベーコン（肩肉），ミドルベーコン（胴肉），サイドベーコン（半丸枝肉）などがあり，加熱した際にはクックドベーコンという。ベーコンは塩分や脂が多く，調味料や油の代用として用いられる。

［原材料］

　豚ばら肉 1 kg，食塩 35 g，硝石（硝酸カリウム）2.5 g，砂糖 15 g，スモーク材（サクラ：ウッドタイプ）1〜2 本

［器　具］

　バット，冷蔵庫，燻煙箱，包装機

［操作手順］

(1)　成形：脂肪層が厚い場合は，余分な脂肪を切り落とす。

(2)　血絞：原材料とは別に食塩 15 g，硝石 3 g の混合した塩漬剤を丁寧にすり込んだ後，バットに入れ表面をラップで覆い，4℃で一晩おき，バットに浸出した水分を除く。市販のブロック肉であれば，血絞りは必要ない。

(3)　塩漬：食塩，硝石，砂糖を混合した塩漬剤を丁寧にすり込んだ後，原料肉をラップで覆い，4℃で 1 週間塩漬する。

(4)　水洗：塩漬後の原料肉を 10℃ 以下の流水中で 1 時間水洗いする。過剰な塩漬剤を除くとともに，塩漬剤が全体に均一になる。その後，水分をふきとる。

(5)　乾燥：原料肉にベーコンピンをもも側から 2 cm 内側の赤肉の結合組織に通し，燻煙箱に吊るし，50℃ で 30 分〜1 時間乾燥する。

(6)　燻煙：燻煙箱に吊るした状態で，室温で 3〜4 時間燻煙する（冷燻法：スモークウッド 1〜2 本分）。加熱殺菌する場合は，燻煙終了後に燻煙箱内を 75℃ にし，中心温度が 65℃ を超えてから 30 分間おくか，75℃ で湯煮する。

(7)　放置：燻煙後は冷蔵庫に移して翌日まで放置し，過剰の燻煙臭を除く。

［参　考］

　燻煙材は，材質では果実系と堅木系に大別され，肉類などは果実系が，淡泊な食材には堅木系が合う。中間的なものがサクラである。形状ではチップとウッドタイプがあり，ベーコンは冷燻法で製造するため，後者が便利である。ウッドタイプは 2 本を L 字型に置くことで，長時間の燻煙も自由にできる。

　燻煙方法は，温度や時間によって次のように分類されている。

①　冷燻法（5℃，1〜2 週間）：ドライソーセージ，骨付きハム，ベーコン，スモークサーモンなど

② 温燻法（30 ～ 50 ℃，1 ～ 数日）：ボンレスハム，ロースハムなど

③ 熱燻法（50 ～ 80 ℃，数 ～ 10 時間）：ウインナーソーセージ，スモークチキンなど

④ 焙燻法（95 ～ 120 ℃）：一般的な肉製品には使われない。

⑤ その他：液燻法（木酢液に 10 ～ 20 時間浸漬）や電気燻煙法などもある。

食肉の成分比較（可食部 100 g 当たり）

食品名		エネルギー(kcal)	水分(g)	たんぱく質(g)	脂質(g)	炭水化物(g)	灰分(g)
豚肉(大型種肉)	かた（脂身つき，生）	216	65.7	18.5	14.6	0.2	1.0
	（皮下脂肪なし，生）	171	69.8	19.7	9.3	0.2	1.0
	ロース（脂身つき，生）	263	60.4	19.3	19.2	0.2	0.9
	（皮下脂肪なし，生）	202	65.7	21.1	11.9	0.3	1.0
	ばら（脂身つき，生）	395	49.4	14.4	35.4	0.1	0.7
鶏肉(若鶏肉)	むね（皮つき，生）	145	72.6	21.3	5.9	0.1	1.0
	（皮なし，生）	116	74.6	23.3	1.9	0.1	1.1
	もも（皮つき，生）	204	68.5	16.6	14.2	0	0.9
	（皮なし，生）	127	76.1	19.0	5.0	0	1.0

資料：日本食品成分表 2015 年版（七訂）

[学習のポイント] ◆◆◆

1．ベーコンの種類を知る。

2．燻煙の目的と燻煙方法の種類を知る。

102　第2部　実習

6 畜肉の加工　　　　**スモークチキン**

　鶏肉を塩漬，湯煮，乾燥，燻煙したもので，燻煙により特有の風味が付与されるほか，燻煙成分により保存性が向上する。

[原材料] ◆◆◆

　鶏 小一羽(約1kg)，食塩25g，セロリ葉2本，パセリ3〜4本，白ワイン200mL，スモークウッド（サクラ）1/2本

　漬液：水1,000mL，粗塩120g，ザラメ糖50g，しょうゆ60mL

　＊原料肉は，内臓を取り除いた丸鳥かブロック肉（骨つきもも，骨つきむね）を使う。

[器 具] ◆◆◆

　ボウル，ポリ袋（真空包装できるものがよい），真空包装機，冷蔵庫，鍋，温度計，タコ糸，燻煙箱（乾物干しかごでも代用可）

[操作手順] ◆◆◆

(1)　水洗：丸鳥の場合は流水で丁寧に洗い，水分をしっかりふきとる。

(2)　血絞：フォークなどで全体的に肉刺し後，食塩を内側まで丁寧にすり込み，ポリ袋などに入れ4℃で一晩おき，浸出した水分を除く。ブロック肉の場合はこの血絞りは特に必要ない。

(3)　塩漬：あらかじめ漬液を加熱溶解後，室温まで冷ましておき，原料肉，セロリ葉（みじん切り），パセリ，白ワインと漬液をポリ袋に入れよくなじませた後，4℃で3〜4日間塩漬する。途中数度向きを変え，全体が漬かるようにする。

(4)　水洗：パセリやセロリ葉を除き，流水中で3時間脱塩し，水分をふきとる。

(5)　湯煮：原料肉を真空包装後，水から70℃まで加温し，70℃に達したら1時間半おき，その後1時間程度冷ます。

(6)　乾燥：手羽部分または尾部にタコ糸を巻き燻煙箱に吊るし，40℃で約30分間乾燥させる。冬期であれば干しかごに入れ，5〜6時間陰干ししてもよい。

(7)　燻煙：燻煙箱に吊るしたまま，60〜70℃で色付きを見ながら2〜3時間燻煙し，その後風乾させ過剰の燻煙臭を抜く。

[学習のポイント] ◆◆◆

1．燻煙の目的と燻煙方法の種類を知る。

ローストチキン

6 畜肉の加工

丸鶏を焼いた肉料理で，クリスマスの代表的料理の1つである。オーブンやグリルなどで丸鶏をそのまま焼くためうま味成分が残存しやすく，皮の焼けた香味も加わる。北米では供する人数が多い場合には七面鳥を，ヨーロッパではガチョウも好まれる。

[原材料]

鶏 小一羽約1kg，食塩7g（原料肉の0.7％），こしょう 適量，バター20g，サラダ油 大さじ1〜1.5

詰め物：ローズマリー3枚，タイム3枝，たまねぎ1/2個

香味野菜：たまねぎ1/2個，にんじん1/2本，セロリ1/2本

ソース：水300mL，スープストック1個，食塩 適量

[器　具]

ボウル，タコ糸，楊枝，オーブン，スプーン，こし器

[操作手順]

(1)　原料肉：内臓を取り除いた丸鶏を用意する。

(2)　水洗：きれいに水洗後，水分をふきとる。

(3)　塩漬：鶏の表面と内側に食塩とこしょうを丁寧にすり込む。

(4)　下味：あらかじめローズマリーとタイムは軽く水洗後水分をとっておき，たまねぎは根元を三角に切り落とし縦に5mm幅に切っておいたものを丸鶏の内側に入れ，楊枝やタコ糸で縫い合わせる。

(5)　整形：首部の皮を背側に折り，手羽先も背側に引っ張って楊枝で固定する。腹側を上にし，両脚を尾に密着するようにタコ糸で縛り，形を整える。

(6)　焼成：溶かしバターとサラダ油を混合し，乾燥防止と風味付けのため丸鶏の表面および鉄板に塗る。鉄板の中央に丸鶏をのせ，その周りに香味野菜をおく。あらかじめ230℃（小型オーブンでは10〜20℃高めに設定）に予熱したオーブンに入れ，30分間焼く。途中10分おきに流出した液汁をスプーンなどで全体にかける。次いで，温度を200℃に下げ，約10分ごとに両側面，腹側を上にして全体的に焼き色を付けた後，さらに，10分間焼いてうま味を閉じ込める。

(7)　スープの調製：焼いた後，残った液をこし，上層の油を捨てる。これにスープストックを溶解し，数分間煮た後，食塩で味を調えてスープをつくる。

(8)　製品：スープを鶏にかける。

[学習のポイント]

1．鶏肉の成分の特性を知る。

6 畜肉の加工　　焼豚（チャーシュー）

叉焼（広東語：チャーシウ）は，本来，豚肉塊に味付け後，焼いた焼豚である。日本ではタレで柔らかく煮た煮豚も同じ意味で扱われ，ラーメンの具材などに欠かせない。

[原材料]

豚ヒレ肉または肩ロース肉 1 kg，水あめ（麦芽糖）またははちみつ 適量

浸漬液：しょうゆ 大さじ3，紹興酒 大さじ2，甜麺醤（赤みそでもよい）大さじ3，芝麻醤 大さじ1，食塩 小さじ1/2，すりおろしにんにく 小さじ1/2，すりおろししょうが 大さじ1，卵黄1個，五香粉 適量

[器　具]

タコ糸，楊枝，ポリ袋，オーブン，串，鍋

[操作手順]

(1) 原料肉：火の通りを考えタコ糸で均一に，また，きつめにグルグル巻きに縛る。
(2) 塩漬：ポリ袋に原料肉と浸漬液を入れ，全体に液を絡ませた後，空気を抜き口を閉じる。4℃で一晩塩漬する。この際，時々上下を入れ替える。塩漬終了後，浸漬液は取っておく。
(3) 焼成：180℃に予熱したオーブンで，40〜60分間焼く。この際，途中上下を入れ替え，均一に焼く。中心まで串を刺し肉汁が赤い場合は，透明か白色になるまで焼く。仕上げに肉全体に水あめを塗り，180℃で10分間ずつ裏・表を焼く。
(4) 製品：浸漬液と水あめを混ぜ，加熱したものに付けて食す。

＊煮豚の場合は，(1)で縛った原料肉をフライパンで均一に焼き，豚ばら肉をこんぶだしなどで長ねぎ，しょうがなどとともに1時間湯煮した後，しょうゆベースの混合調味液（例．しょうゆ1：酒1：みりん1：砂糖少量）と長ねぎ，薄切りしょうが，つぶしたにんにくなどをあらかじめ煮ておいたもので30分程度煮込み，一晩冷蔵庫でねかせる。

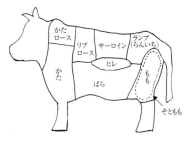 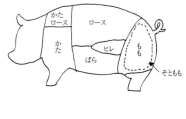 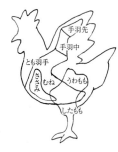

食肉の部位別名称

[学習のポイント]

1．豚肉の成分の特性を知る。
2．肉の各部位の特性を調べる。

7 乳の加工　　バター

　牛乳を静置または遠心分離して得られたクリームを，激しく撹拌し脂肪分を集めたもので，乳脂肪分80％以上含む油中水滴（W／O）型エマルションである。乳酸発酵の有無により，発酵（酸性）バターと無発酵（甘性）バターに分けられる。また，食塩を添加した加塩バターと添加しない無塩バターがある。

[原材料]◆◆◆

　生クリーム（乳脂肪分45％）500 g，牛乳250 g，食塩（バター量の1.5％：有塩バターの場合）

[器　具]◆◆◆

　蓋付き広口ビン，温度計，ガーゼ，木べら

[操作手順]◆◆◆

⑴　クリーム：あらかじめ冷蔵庫で生クリームを冷却しておく。

⑵　調整：牛乳を加え，脂肪分30％に調整する。なお，市販の純乳脂肪の生クリームを用いると，この操作は必要ない。

⑶　チャーニング：ガラスビン容量の半量程度クリームを入れ，蓋を閉めた後，10〜20分間激しく振る。振り始めすぐに空気を含み，半固形状のホイップクリームとなる。この状態で約10分間振り続けるとバター粒とバターミルクに分離する。手の温度が移らないようにビンを布などで覆うとよい。

⑷　バターミルク除去：ビンの蓋などを利用し，傾斜法でバターミルクを取り除く。

⑸　水洗・冷却：ビンに氷水を入れ，バター粒を洗浄，冷却し，氷水を傾斜法で取り除く。この操作を3回行う。

⑹　ろ過：十分冷えたバター粒をガーゼなどで固く絞り，過剰の水分を除く。この際，バター粒が十分冷却されていないと，バター粒がガーゼから流出する。

⑺　ワーキング（練圧）・加塩：木べらなどで練り，バター表面の水分をこまめにふきとり除去する。加塩バターの場合は，バター粒重量の1.5％量の食塩を添加してよく練る。

⑻　製品：短期間（半年）保存する場合は−5℃で，長期間では−15℃で保存する。−20℃以下になると，解凍した際に水分が遊離する。外観は均一に淡黄色で，斑点・波紋などがなく組織が良好で，水滴の遊離しないもの，風味が良好で苦味や異味臭を有しないもの，さらに，加塩バターでは食塩の均一に溶解しているものがよい。バター色は飼料中のカロテノイドに依存し，夏期の緑草では濃黄色となり，冬期の乾草では白色となる。

　＊工程を通して，低温で手早く行うことが重要である。

[参 考] ◆◆◆

　チャーニング：クリームを激しく撹拌する操作で，クリーム中に分散していた脂肪球同士が衝撃により凝集し，バター粒が形成される。水分の多くはバターミルクとして排出される。この際，水中油滴型から油中水滴型エマルションへと転相する。

　ワーキング：バラバラに存在するバター粒を練り合わせて均一な組織にするとともに，水分や食塩を均一で微細な分散状態にする操作をいう。

　乳は，乳幼児の発育に必要な栄養をすべて備えた栄養価の高い食品だが，微生物が繁殖しやすく，長期保存に向かない。乳から加工される乳製品は，「乳及び乳製品の成分規格に関する省令（乳等省令）」によって定められている。

[学習のポイント] ◆◆◆

1．バターの種類を知る。
2．油中水滴（W/O）型エマルションについて説明する。

7 乳の加工　107

7 乳の加工　　チーズ

チーズは，牛乳のたんぱく質および脂質を固形状にしたもので，ナチュラルチーズとプロセスチーズに大別される。ナチュラルチーズは，原料乳に乳酸菌や凝乳酵素（レンネット）を加えカードを分離後，微生物によって熟成させるなどしたもので，ナチュラルチーズを粉砕，加熱溶解，乳化したのがプロセスチーズである。

❶ カッテージチーズ

［原材料］

牛乳または脱脂乳 500 mL，レンネット 0.1 g，乳酸菌スターター（ヨーグルト）15 g，食塩 5 g

［器　具］

2 L 容鍋，1 L 容ボウル，木べら，ナイフ（ケーキ用），温度計，さらし布，恒温器

［操作手順］

(1) 殺菌：牛乳または脱脂乳（脱脂粉乳を 13 ％濃度に調整）を 80 ℃，30 分間加熱殺菌する。

(2) 冷却：40 ℃まで流水で冷却する。

(3) スターター，レンネット添加：乳酸菌（スターター）を添加し，30 秒間撹拌し，次いでレンネットを加え，10 秒間撹拌後，速やかに木べらで流れを止める。

(4) 乳酸発酵：30 ℃で 45 分間発酵させ，カードを形成する。この際，ゆすると固まりが悪くなる。

(5) 切断：縦・横の順に木べらですくいながら，ナイフで 1 cm 角に角切りする。

(6) ろ過：ボウルからざるに移してホエー（乳清）を除去し，カードを布袋に入れ自然にホエーを排出する。カード同士がくっつき塊になったら，さらし布に広げ絞る。

(7) 加塩：食塩を添加し，均一に混ぜる。

(8) 製品：サラダ，ドレッシング，サンドイッチ，洋菓子などに用いる。製品は無塩の場合は速やかに，加塩の場合でも冷蔵保存し，2 ～ 3 日で食すようにする。また，製品を圧搾し，一定条件のもと冷蔵熟成すると熟成チーズになる。

　*簡易法：脱脂乳 500 mL（50 ℃）に食酢 75 mL（またはレモン汁 1 個分）を加え，酸カードを形成（8 分放置）させ，絞った後，水洗して過剰の酸を除いて加塩して製造する。

❷ クリームチーズ

［原材料］

牛乳 500 mL，生クリーム 60 mL，プレーンヨーグルト 12 mL，レモン 1 個，食塩

（出来上がり重量の0.6％）

［器 具］ ◆◆◆

ボウル，鍋，はかり，温度計，ざる，包丁，木綿布巾，まな板，へら，計量カップ，レモン絞り

［操作手順］ ◆◆◆

(1) 加温：牛乳をボウルに入れて湯煎する。40℃以上になったら火を止める。加温することによりホエー（乳清）が分離しやすくなる。

(2) 混合撹拌：生クリームとヨーグルトを加え，ゆるやかに撹拌する。牛乳が渦を巻いているうちにレモン汁を静かに注ぎ入れる。静かに全体を混合撹拌する。強くかき混ぜると凝固成分が破壊されてしまう。

(3) 静置：そのまま静かに40℃を保ち10～15分間放置する。次第にカード（固体状）とホエー（液状）に分離する。

(4) ろ過：ざるに固く絞ったぬれ布巾をのせ，静かに注ぎ入れる。自然ろ過によりホエーを分離する（冷蔵庫で2時間から一晩置く）。

(5) 加塩・練り：食塩を加え，よく練り上げる。あらかじめアルコール殺菌した容器に，空気が入らないようにすき間なく詰める。

［参 考］ ◆◆◆

カッテージチーズは，脱脂乳からつくられるオランダ原産のフレッシュチーズで，代表的な非熟成軟質チーズである。味は淡泊で，プロセスチーズに比べ脂肪量が少なくカロリーが低い。

レンネットはキモシンというたんぱく質分解酵素を主成分とし，主にκ-カゼインのミセル構造を破壊し，カゼインとカルシウムが結合して凝固するため，酸凝固と異なり，乳中のカルシウムの多くが残存する。

クリームチーズはフレッシュチーズの一種で，クリームやクリームと牛乳からつくられる非熟成の軟質チーズである。本書は酸凝固とヨーグルトの乳酸菌を利用した簡易熟成を兼ね合わせたチーズをつくる。

［学習のポイント］ ◆◆◆

1．チーズの種類を知る。
2．レンネットの役割を説明する。

参考文献

小原哲二郎・細谷憲政監修『簡明食辞林』樹村房，1997

『わが家ブランドの手づくり食品』日本放送出版協会，1997

7 乳の加工 **109**

7 乳の加工 # アイスクリーム

アイスクリームとは，牛乳や乳製品に糖類，安定剤，乳化剤，香料等を混合したものを撹拌しながら凍結させたものである。撹拌しながら凍結することによって脂肪球や氷の結晶の間に空気の細かい気泡を含み，これによりアイスクリームの容積は増大する。この増大量をオーバーランといい，この量が多いほど冷たさが緩和され，過剰硬化を防止できる。アイスクリームの品質は，使用される原料とその配合割合およびオーバーランによって決まるといっても過言ではない。

「乳及び乳製品の成分規格等に関する省令（乳等省令）」によるアイスクリーム類は，アイスクリーム，アイスミルク，ラクトアイスに分類され，それぞれに対し，乳固形分（無脂乳固形分＋乳脂肪分）と乳脂肪分について規格が定められており，この定義に従った種類別を表示することが，食品表示法で義務付けられている。しかし，使用原材料についての規定はない。

① アイスクリーム

[原材料]

アイスクリーム：クリーム（動物性）90 g，牛乳210 g，グラニュー糖45 g，卵黄2個（30 g），バニラエッセンス

アイスミルク：クリーム（動物性）15 g，クリーム（植物性）90 g，牛乳60 g，無糖練乳135 g，グラニュー糖45 g，卵黄2個（30 g），バニラエッセンス

ラクトアイス：クリーム（植物性）150 g，牛乳150 g，グラニュー糖45 g，卵黄2個（30 g），バニラエッセンス

[器　具]

ボウル，はかり，ステンレス製鍋，木じゃくし，アイスクリーマー（あるいはドライアイス），氷，アイスクリーマーを使用する場合；氷と氷の15％の食塩を準備する

[操作手順]

(1)　混合・加温：それぞれの材料中のクリーム，無糖練乳，牛乳を合わせて加熱し，70℃まで温める。

(2)　混合：ボウルに卵黄とグラニュー糖を入れ，白っぽくなるまで泡立て器で混ぜる。

(3)　殺菌：(2)を撹拌しながら(1)を加え，よくかき混ぜてから湯煎にして木じゃくしで混ぜながら68℃，30分間または，80℃，15秒間保つ（殺菌）。グラニュー糖が溶け，少しとろみがでてきたら火を止める。卵黄凝固を防ぐため82℃以上にならないようにする。

(4)　冷却：氷水を用い，速やかに10℃以下に冷却する。

(5)　香料添加：バニラエッセンスを入れ混ぜる。

110　第2部　実　習

(6)　①アイスクリーマー；ミックスを容器に入れ，周囲に食塩と氷を混合したものを
　　　詰めて（−5℃ 〜 −10℃になる），撹拌しながら凍結する。
　　　②アイスクリーマーがない場合；ドライアイスの上で撹拌しながら凍結する。固
　　　まりはじめたら一度ドライアイスから離し，よく撹拌し全体を均一にしながら
　　　十分に空気を抱き込ませる。再びドライアイスの上で撹拌しながら凍結する。
　　　この操作を軟らかい間繰り返す。

❷ バニラアイスクリーム

[原材料]　◆◆◆

　牛乳 500 g，生クリーム（純乳脂肪分 45% 以上）75 g，脱脂粉乳 20 g，グラニュー
糖 120 g，卵黄 23 g，バニラ・ビーンズ 1／2 本（バニラエッセンスの場合は少量）

[器　具]　◆◆◆

　鍋，ボウル，ゴムべら，木べら，温度計，アイスクリームフリーザー（または泡立
て器，ドライアイス 1 kg，新聞紙，軍手）

[操作手順]　◆◆◆

(1)　混合：グラニュー糖と脱脂粉乳を先に混合し，これに生クリーム，卵黄を加え，
　　混合する。
(2)　加温：牛乳を湯煎で 60℃まで加温し，バニラ・ビーンズを縦に半分に切り，さ
　　やから種子を取り出し，さやは捨てる。
(3)　混合：牛乳を (1) に加え，撹拌・溶解する。〔アイスクリームミックス〕
(4)　殺菌・冷却：ミックスを湯煎で 80℃まで加温し，10 分間殺菌後，速やかに 4℃
　　まで冷却する。バニラエッセンスを用いる際には，冷却後に添加する。
(5)　凍結：アイスクリームフリーザーで撹拌・硬化させる。手作業の場合は，ボウル
　　に新聞紙を敷き，ドライアイスを割り入れ，その上に一回り小さいミックスの入っ
　　たボウルを置き，十分に冷却後，泡立て器でボウルについたアイスクリームをはが
　　すように約 20 分間混ぜながら硬化させる。軟らかめに硬化したら，容器に移し
　　−20℃以下で硬化させる。
(6)　製品：容器に入れた場合は −20℃以下で保存する。コーンで食す際には −13℃
　　くらいが盛り付けやすい。

❸ 簡単アイスクリーム

[原材料]　◆◆◆

　牛乳 150 mL，生クリーム 150 mL，グラニュー糖 30 g，冷却用（氷 1.5 kg，食塩 230 g）

[器　具]　◆◆◆

　ボウル（大，中），へら

7　乳の加工　　**111**

［操作手順］　◆◆◆

(1)　冷却の準備：ボウル大に氷をまんべんなく敷き詰める。中央にくぼみをつくりながら中ボウルを重ねたときに底だけでなく側面にも氷が当たるように並べて，食塩を全体に振りかける。

(2)　混合：ボウル中に牛乳，生クリーム，グラニュー糖を合わせてよく溶かす。

(3)　撹拌・凍結：氷の上に中ボウルをのせて，冷却しながら凍結するまでへらで撹拌する。撹拌によって空気が含まれてなめらかなクリーム状になっていく。へらを回すのと逆の方向に中ボウルを回すとよい。ボウルの壁面で凍ったものをかき落としながら混ぜて全体を均一に凍結させる。この状態がソフトクリームである。

(4)　硬化：クリームをカップに充填し冷凍庫で硬化すればハードタイプのアイスクリームになる。

［参　考］　◆◆◆

●　アイスクリームミックスの希望乳脂肪分％にあわせた材料配合計算方法

例）乳脂肪分 12 ％のアイスクリームを 100 g つくる場合

材料は，牛乳（乳脂肪分 3.0 ％）Xg，クリーム（乳脂肪分 45 ％）Yg，砂糖 14 ％，乳化剤 1 ％とする。これをピアソンの四角法で計算すると，

牛乳＋クリーム＝100 g－15 ％＝85 g　85 g 中に乳脂肪 12 g 必要

⇒12÷85×100＝14 ％ クリームの必要量＝14－3＝11，牛乳の必要量＝45－14＝31

となり，牛乳 31：クリーム 11 の割合で 85 g にするとよい。

すなわち，X＝牛乳 63 g，Y＝クリーム 22 g 使ってつくればよい。

●　オーバーラン

アイスクリームは，ミックスに空気が混入し体積が増加する。この増加率をオーバーランといい，次式のように求める。オーバーランが 100 ％のとき，半分が空気となる。このため，滑らかで冷凍刺激を舌で受けにくい。

$$\text{オーバーラン（％）}＝\frac{（ミックス重量）－（ミックスと同容積のアイスクリーム重量）}{（ミックス重量）}×100$$

●　アイスクリームの歴史

古代ギリシャ，ローマでは，雪や氷を利用して食品を保存することをきっかけに現在のシャーベットのような氷菓を貴族や裕福な人々が嗜好品として楽しんでいた。16世紀の初めに冷却技術が発展し，氷に硝石を混ぜて急速に温度を下げ凍結に成功したとされる。アイスクリームはヨーロッパからアメリカへ伝わり，日本には江戸末期に幕府がアメリカに派遣した使節団により伝えられた。1869（明治 2）年に横浜馬車道通りで氷と塩を使った日本で最初のアイスクリームが販売された。

●　バニラは赤道付近で栽培されるラン科バニラ属のつる性植物であり，種子さやの発酵，乾燥を繰り返すキュアリング工程により，バニリンを主体とする香料となる。

112 第2部 実習

香料には種子そのものである高価なバニラ・ビーンズのほか，香り成分を溶媒に溶かしたエッセンスやオイルがあり，これらを使用したものをバニラアイスクリームという。

アイスクリーム類の分類と成分規格

種類	乳固形分	乳脂肪分	殺菌数（1g当たり）	大腸菌群
アイスクリーム	15.0％以上	8.0％以上	10万以下	陰性
アイスミルク	10.0％以上	3.0％以上	5万以下	陰性
ラクトアイス	3.0％以上	－	5万以下	陰性

乳脂肪分；乳固形分に含まれる。乳及び乳製品の成分規格等に関する省令より。

アイスクリームの主な材料中の乳固形分と乳脂肪分含量

材料	無脂乳固形分	乳脂肪分	乳固形分
牛乳	8.0％以上	3.0％以上	11.0％
クリーム（動物性）	3.5％	45.0％	48.5％
無糖練乳（エバミルク）	－	7.5％以上	25.0％以上
脱脂粉乳（スキムミルク）	－	－	95.0％以上
クリーム（植物性）	0％	（植物性脂肪由来 39.2％）	0％

クリーム（動物性）は日本食品成分表2015およびメーカーが示している値であり，クリーム以外は，乳等省令で定められている値である。

[学習のポイント] ◆◆◆

1．アイスクリーム類の乳等省令における規格を知る。
2．アイスクリームの味について，材料やオーバーランの違いで比較検討する。
3．牛乳の成分と加工品を理解する。

参考文献

小川正・的場輝佳編『食品加工学（改訂第3版）』南江堂，2003

7 乳の加工　**113**

発酵乳

7 乳の加工

　原料乳に乳酸菌（酵母を併用する場合もある）を加え乳酸発酵させると，乳糖から生じた乳酸により pH が低下し，pH 4.6 付近でカゼインが凝集・沈殿する。乳酸発酵による風味と乳酸による貯蔵性が付与された代表的なものにヨーグルトや乳酸菌飲料などがある。なお，乳酸などを原料乳に添加した非発酵性の合成乳もある。

　　乳酸発酵　$C_{12}H_{22}O_{11}$（乳糖）＋H_2O（水）→ 4 $CH_3CHOHCOOH$（乳酸）

❶ ヨーグルト

[原材料]

　牛乳 1 L（または脱脂乳。脱脂乳の濃度は通常 11 ％，硬化剤を使用しない場合 13 ％にする），砂糖 80 g，寒天粉末 1.5 g，乳酸菌スターター（市販ヨーグルトでも可）20 g

[器　具]

　ボウル，鍋，木べら，温度計，100 ～ 200 mL の容器，恒温器

[操作手順]

⑴　混合・溶解：水 50 mL に寒天粉末を加え加熱・溶解後，牛乳を加えてから，砂糖を少量ずつ溶解させる。

⑵　殺菌・冷却：湯煎で 75 ℃，30 分間殺菌後，鍋底を流水中につけ 40 ℃まで冷却する。

⑶　スターター添加：乳酸菌を素早く加え，軽く撹拌する。

⑷　分注・密封：容器に移し，表面の泡は除く。

⑸　発酵：容器ごと恒温器に入れ，40 ℃で 8 時間（室温の場合は約 15 時間）発酵させる。

⑹　冷却：発酵終了後，5 ℃以下で冷蔵する。

❷ 酸乳飲料（非発酵・合成酸乳）

[原材料]

　牛乳（脱脂乳でも可）1 L，50％乳酸（食品添加物用）20 g，クエン酸 2 g，d－酒石酸 2 g，上白糖 1 kg，香料 8 mL（市販品のオレンジエッセンスとレモンエッセンスを 1：1 で混合）

[器　具]

　鍋，計量カップ，木べら，温度計，ホモジナイザー，ビールビン，王冠，打栓機，殺菌槽（寸胴でも可）

[操作手順]

⑴　脱脂乳の調製：鍋に水を入れ，11 ％濃度になるよう脱脂粉乳を加え，60 ℃まで徐々に加温し溶解させ，脱脂乳をつくる。

⑵　加糖：60 ℃を維持したまま，上白糖を 3 回に分け添加し溶解する。糖濃度が約

114　第2部　実　習

50％のため保存性が向上し，粘度も高くなり，カゼインたんぱく質の沈殿を防止する効果がある。

(3) 酸添加：乳酸，クエン酸，d-酒石酸の順に添加し，撹拌・混合する。

(4) 均質化（ホモジナイズ）：ホモジナイザーを用いて1分間均質化する。ホモジナイザーがない場合は，ミキサーで1分間均質化し，さらしなどでろ過してもよい。酸添加で喉ごしが気になる場合は，品温を10℃まで下げてから添加すると，カゼインの凝固が改善される。

(5) 充填・密封：品温が80℃になるまで加温し，速やかに香料を加え撹拌後，ビンに充填し，打栓する。この時80℃に加温後，速やかに密封することで脱気できる。

(6) 殺菌：80℃で30分間加熱殺菌する。

(7) 製品：飲用時に4～5倍に水で希釈する。

③ 殺菌乳酸菌飲料

[原材料] ◆◆◆

脱脂粉乳327 g，水3 L，乳酸菌スターター（市販ヨーグルトでも可）75 g，上白糖3.6 kg，香料27.5 mL（市販品のオレンジとレモンエッセンスを1：1で混合），食品添加物用乳酸 適量（滴定酸度から不足分を算出）

[器　具] ◆◆◆

鍋，計量カップ，木べら，温度計，恒温器，ホモジナイザー，ボウル，pHメーター，滴定酸度の実験器具，ビールビン，王冠，打栓機，殺菌槽（寸胴でも可）

[操作手順] ◆◆◆

(1) 脱脂乳の調製：鍋に水を入れて脱脂粉乳を加え，60℃まで徐々に加温し溶解させ，脱脂乳をつくる。

(2) 殺菌：脱脂乳を90℃で30分間殺菌する。この間，水分の蒸発に注意する。

(3) 冷却：品温が40℃になるまで鍋底を流水につけ，速やかに冷却する。

(4) スターター添加：速やかにスターターを添加し，軽く撹拌する。乳酸菌スターターはあらかじめヨーグルトから脱脂乳培地で純粋培養しておくと，速やかに発酵する。

(5) 発酵：ビニール袋で覆った鍋ごと恒温器に入れ，37℃で15時間発酵させる。

(6) 冷却：発酵後，次の操作まで時間が開く場合は，速やかに冷蔵庫に移し冷蔵する。

(7) 計量：発酵後の酸カードを計量し，水分が多く減少した場合は，不足量を足す。

(8) 均質化：ホモジナイザーで1分間，均質化する。

(9) 加糖・加温溶解：均質化したカードを60℃まで加温し，上白糖を3回に分けて加え，木べらで撹拌しながら完全に溶解する。液面が泡立つようであれば取り除く。

(10) pH・酸度測定：pHおよび滴定酸度を測定する。

(11) 乳酸添加：不足分の乳酸を添加し撹拌後，pH 3.5以下，酸度1.5％以上になる

よう調製する。ビンはあらかじめ洗浄・殺菌しておくほか，傷等がないか注意する。

⑿　充填・打栓：品温が 80 ℃になるまで加温し，速やかに香料を加え撹拌後，ビンに充填し，打栓する。

⒀　殺菌：80 ℃で 30 分間加熱殺菌する。

⒁　製品：飲用時に 4 〜 5 倍に希釈して飲用する。

[参　考] ◆◆◆

乳等省令による乳酸菌飲料の成分規格

種　類	無脂乳固形分	乳酸菌数または酵母数（1 mL 当たり）	大腸菌群
乳製品 　発酵乳 　乳酸菌飲料	 8.0 ％以上 3.0 ％以上	 1,000 万以上 1,000 万以上または殺菌	 陰性 陰性
乳等を主原料とする食品 　乳酸菌飲料	 3.0 ％未満	 100 万以上	 陰性

ヨーグルト：牛乳または脱脂乳を殺菌後，乳酸菌を加え乳酸発酵させ酸凝固させたものである。これに寒天やゼラチンなどの硬化剤を加えたハード，硬化剤を添加しないカード状のソフト，カードを粉砕して液状にしたドリンク，凍結したフローズンタイプがある。また，砂糖や香料を添加しないプレーンもある。

酸なし飲料：乳または脱脂乳に乳酸などの有機酸類，砂糖，香料などを添加し製造する非発酵性の合成酸乳飲料である。

乳酸菌飲料：日本独特の発酵食品で，牛乳または脱脂乳をヨーグルトと同様に乳酸発酵後，均質化し，砂糖，香料などを加えた後，殺菌した乳酸菌飲料である。

● 殺菌乳酸菌飲料の品質検査

酸度の測定：試料 10 mL を 100 mL 容三角フラスコに秤取し，等量の純水で希釈し滴定試料とする。これをファクターをあらかじめ求めた 0.1 M 水酸化ナトリウム溶液にて中和滴定し，次式にて乳酸濃度を算出する。

(1)　1 価×X M×10 mL＝ 1 価×0.1 M×F（ファクター）×滴定値 mL

(2)　乳酸 1 M：9.08％＝X M：Y ％

乳酸菌数の計測：試料を 10 倍ごとに希釈倍率を変えた検液 1 mL を，BCP 添加寒天培地で 35〜37℃ で 3 日間培養し，培地の黄変した部位を数える。なお，殺菌乳酸菌飲料であれば検出されない。

大腸菌群の簡易測定：試料 10 mL に滅菌生理食塩水 90 mL を加え撹拌後，10 倍ごとに希釈倍率を変えた検液 1 mL について，デソキシコレート寒天培地に加え，32〜35 ℃で約 20 時間培養し，暗赤色の集落が見られた場合，陽性とする。

[学習のポイント] ◆◆◆

1．主な発酵乳の種類をまとめる。

8 卵の加工　マヨネーズ

　卵黄，サラダ油，食酢を主原料とし，これに食塩，香辛料などを加えてつくった半固体状の乳化食品である。卵黄成分のレシチンの乳化作用により，少量の食酢に多量のサラダ油が溶け込んだ水中油滴型（O／W型）のエマルション食品である。

[原材料]

　卵黄2個，こしょう0.8g，砂糖8g，食酢40mL，食塩6g，サラダ油320g，練りがらし4g

[器　具]

　ボウル（ガラス製），泡立て器（ハンドミキサー，フードカッター）または木じゃくし，蓋付き広口ビン，計量器具

[操作手順]

(1) 卵割：卵は新鮮なものを選択し，卵黄のみを用いる。
(2) 混合・撹拌：ボウルに卵黄，砂糖，食塩，練りがらし，こしょうを入れ，とろっとなるまでよく撹拌する。
(3) 混合：食酢の半量を添加し混合する。
(4) 分注・撹拌：サラダ油を徐々に滴下し撹拌する。一度に加えると分離してしまうので注意を要す。
(5) 調節：すべてのサラダ油を添加した後，残りの食酢で硬さを調節する。
(6) ビン詰め：あらかじめ殺菌しておいたビンに肉詰めする。
(7) 製品：冷暗所に保存する。

[参　考]

　マヨネーズはJASでは保存料を認めていないが，製造工程中に殺菌過程がない。マヨネーズが腐敗しにくいのは，油分が多く，成分中の食酢と食塩が微生物の繁殖を抑制しているためである。手づくりのマヨネーズは生鮮食品と同様の扱いとし，製造後すぐ消費するほうがよい。

　乳化：「水の中に油」または「油の中に水」が分散した状態を乳化という。乳化した液はエマルションといい，マヨネーズは水中油滴型（O／W型）エマルションで，卵黄中のレシチン（ホスファチジルコリン）や一部のたんぱく質が乳化剤となる。

[学習のポイント]

1．水中油滴型（O／W型）エマルション食品について学ぶ。
2．卵黄レシチンの乳化作用について学ぶ。

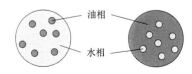

エマルションの種類

資料：菅原龍幸編著『食品加工学』建帛社，2005

8 卵の加工　**117**

レモンカード

8 卵の加工

　レモンカードは，レモン果汁とバター，砂糖，卵をゆっくり湯煎にかけてペースト状にしたもので，レモンの皮のすりおろしを入れた，レモン風味の甘酸っぱいクリームである。イギリスでは昔から食されており，ケーキや菓子と合う。

［原材料］　（出来上がり約600g）

　レモン（国産）6個，グラニュー糖360g，食塩不使用バター180g，卵（L）3個

［器　具］

　おろし金，レモン絞り器，ホーロー鍋，泡立て器，片手ざる，かんし，蓋付き広口ビン

［操作手順］

(1)　洗浄：レモンはタワシを使って外皮を洗剤で十分に洗う。布巾でよく水気をふきとる。

(2)　外皮すりおろし：レモンの皮をおろし金で軽くこすり皮をすりおろす。強くこすると果皮内側の白色部が混入するため苦味がでる。

(3)　搾汁：半分に切り果汁を絞る。

(4)　混合・加熱：湯煎しながら鍋でバターを溶かし，グラニュー糖を加えて混ぜる。グラニュー糖が溶けたら加熱を止め，レモン汁とすりおろした果皮を加えて混ぜ合わせる。

(5)　再加熱：ボウルに卵を割り泡立て器で混ぜ一度裏ごしする。この中に(4)の冷ました液を徐々に加えて混ぜ，再び湯煎にかけ絶えずかき混ぜながら15分間くらい加熱する。とろりとしたら火からおろす。(4)の液が冷めていないと卵が凝固し，だまができる。

(6)　充填：殺菌消毒したビンに入れ密封する。冷蔵庫に入れて約2カ月保存できるが，1カ月ほどで砂糖の戻りが出るので，なるべく早く食べるのがよい。

［参　考］

　レモンカードの「カード」は凝固という意味で，レモンカードはペースト状である。バターや卵の油とレモン果汁を乳化させるため，卵黄レシチンが乳化剤としてはたらき，均一でなめらかなクリーム状となる。塩は水と油を分ける性質があるので材料の中から除かなければならず，食塩不使用バターを用いる。

［学習のポイント］

1．卵の加工について知る。

2．類似の加工食品について調べる。

9 水産物の加工

魚缶詰

　缶詰は，缶に原料を肉詰めして，脱気，巻締（密封），殺菌，冷却し，食品の保存性を高めた貯蔵法である。魚の味付け缶詰は調味液で魚を煮たもので，そのままで食べられる加工食品である。魚の缶詰は使用する原料により調整法は異なるが，主な製品にしょうゆ味付，みそ煮，水煮，蒲焼き，トマト漬け，オイル漬けなどがある。

1 さんまの味付け缶詰

[原材料]

　さんま（25 cm 位の中羽で，新鮮で表面の破損のないもの）2.5 kg，20% 食塩水 2 L
　調味液：しょうゆ 150 g，砂糖 150 g，水 150 mL

[器　具]

　まな板，包丁（小出刃），ボウル，蒸し器，オートクレーブ，キッチンペーパー，6 号缶，巻き締め機，計量器具

[操作手順]

(1) 水洗：さんまを水洗する。
(2) 調整：ひれ部に直角に包丁を入れ頭部を除去し，開腹し内臓を取り除く。
(3) 切断：缶の高さ（6 号缶 59 mm）の 95 % の長さ（56 mm）に揃え魚体を直角切断する。
(4) 食塩水浸漬：魚肉は食塩水に 20 分浸漬する（食塩が浸透し血抜きされる）。
(5) 水気取り：さっと水洗後にキッチンペーパーで水気をふきとる。
(6) 肉詰：缶に 20% 増しで菊花型に肉詰（6 号缶規格固形量 165 g 以上：約 200 g）する。
(7) 蒸煮：蒸し器で煮熟と脱汁のために 30 分蒸煮する。
(8) 脱汁：加熱でたんぱく質が凝固変性し，脂肪が缶底に流出するので液汁を捨てる。
(9) 注入：あらかじめ調製した調味液を規格量（6 号缶内容総量 210 g）注入する。
(10) 脱気：蒸し器で脱気（缶に蓋をする）を 95〜100 ℃ で 20 分する。
(11) 巻締：熱いうちに巻締をする。
(12) 洗浄：缶についている脂肪や汚れを洗い落とす。
(13) 殺菌：オートクレーブで 121 ℃ 60 分行う（ボツリヌス菌滅菌のため過酷な条件で殺菌する必要がある）。
(14) 急冷：缶の中身まで冷ましておく。
(15) 製品：6 号缶で約 10 個分できる。

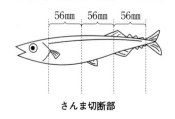
さんま切断部

菊花詰

脱汁

❷ さばの水煮

[原材料]

さば5尾，13%食塩水4L

[器　具]

まな板，包丁（小出刃），ボウル，蒸し器，オートクレーブ，キッチンペーパー，6号缶，巻き締め機，計量器具

[操作手順]

(1) 水洗：さばを水洗する。
(2) 調整：頭，ひれ，内蔵を除去する。
(3) 切断：缶の高さより5mm短い長さに揃えて魚体を輪切りに切断する。
(4) 水洗・血抜：魚肉を水洗いし，13％食塩水に10分浸漬する。このとき，食塩が浸透し血抜きされる。
(5) 肉詰：缶に肉詰めする。
(6) 注水：肉詰めした缶に，水をあふれるくらい入れ，蓋をする。
(7) 巻締：真空巻締機を使い，缶を巻き締めする。
(8) 洗浄：缶の回りについている油を洗い，水気を拭く。
(13) 殺菌：オートクレーブで12気圧121℃80分殺菌を行う。
(14) 冷却：缶の中身まで冷ましておく。
(15) 製品：〔6号缶さば水煮缶〕

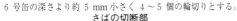

6号缶の深さより約5mm小さく4～5個の輪切りとする。
さばの切断部　　　　　　　　　　さばの肉詰

[参　考]

● ボツリヌス菌

　ボツリヌス食中毒は，ボツリヌス菌が食品を汚染し嫌気状態で増殖することで産生した毒素で起こる毒素型食中毒である。ボツリヌス菌はクロストリジウム属の細菌で耐熱性芽胞を形成し，pH4.5以下では発芽しない。魚の缶詰は中性域にあり，121℃60分という過酷な条件での殺菌を要す。毒素は易熱性で80℃15分の加熱で無毒化する。

● フラットサワー

　缶詰食品が変敗すると，多くは内容物が分解してガスが発生して膨張する。細菌の種類により，ガスが発生せず増殖しpHが低くなる変敗は，正常品と見分けがつかず，平らなのでフラットサワーという。好熱性細菌が多い。

● 缶詰の表示

　缶詰は外観がきれいで錆びていないもので，表示を読んで選ぶとよい。品名，原材

料名，内容量，賞味期限，製造業者または販売業者の名称と所在地などが表示されている。JASマーク（日本農林規格合格品）のついているものを選ぶのもよい。

● 缶詰の密封（二重巻締）

　二重巻締とは，缶蓋のカール部分を缶胴のフランジ部分に巻き込み，圧着，接合し，密封を保たせる方法で，缶詰の製造工程において最も重要な工程の1つで，缶蓋の部分と缶胴の部分とがそれぞれ二重になるところから「二重巻締」といわれている。

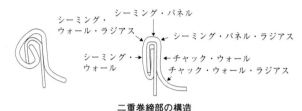

二重巻締部の構造

● 缶詰の原料

　さんまは秋に獲れ，形，色が刀に似ていることから「秋刀魚」と書く。ドコサヘキサエン酸（DHA），エイコサペンタエン酸（EPA），ビタミンA，ビタミンDが多い。

　さばはまさば，ごまさばが主で，まさばは，秋から冬にかけて脂肪含量が多く，20％以上になることもあり，秋さばとして知られる。DHA，EPAのほか，カルシウム，鉄，ビタミンD，ビタミンEが多い。

[学習のポイント] ◆◆◆

1．缶詰製造における脱気の目的を学ぶ。
2．ボツリヌス菌と缶詰の殺菌温度との関係を知る。

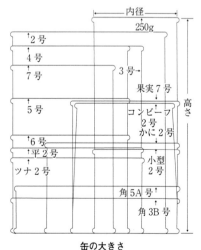

缶の大きさ
資料：(社)日本缶詰協会

食缶の寸法・内容積（抜粋）

缶　　型	内径(mm)	高さ(mm)	内容量(mL)
2　　　号	99.1	120.9	872.3
3　　　号	83.5	113.0	572.7
4　　　号	74.1	113.0	454.4
5　　　号	74.1	81.3	318.7
7　　　号	65.4	101.1	318.2
果　実　7　号	65.4	81.3	249.3
平　　2　　号	83.5	51.1	240.5
平　　3　　号	74.1	34.4	119.0
ツ　ナ　2　号	83.5	45.5	208.9
ツ　ナ　3　号	65.4	39.2	108.9
小　型　2　号	52.3	52.7	101.7
250　　　g	52.3	132.8	273.0
コンビーフ2号	61.6×41.5 / 68.0×50.3	80.5	195.2
コンビーフ3号	61.6×41.5 / 68.0×50.3	46.7	101.0
ランチョンミート1	92.5×46.3	92.5	348.0
角　3　号　B	106.2×74.6	22.0	120.9
角　　5　　号　A	103.4×59.5	30.0	135.0

資料：(社)日本缶詰協会

魚肉練り製品

9 水産物の加工

　魚肉に食塩を加えてすりつぶし成型加熱したものを練り製品といい，日本の伝統的な水産加工食品である。日本各地でその土地のかまぼこがつくられている。戦後には魚肉ソーセージやかにかまなどが市場にあらわれ，かまぼこをベースとする製品は極めて多い。さらに，現在の魚肉練り製品の原料の主流は冷凍すり身に移り，日本のかまぼこ産業は飛躍的な発展を遂げた。

　かまぼこ製造には食塩が欠かせないが，これは調味のためだけではなく，魚肉中の筋原線維から塩溶性たんぱく質（アクチンとミオシン）を溶出させ，繊維状の重合体であるアクトミオシンをつくりだすことによる。アクトミオシンは水を包み込み網状構造を形成するのに都合のよい状態をつくりだす。一般に練り製品は，しなやかで強い弾力性と適当な歯切れ（足が強い），調和した味を有し，色が白く，光沢のあるものが良品とされている。

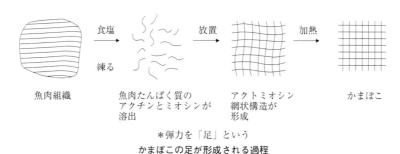

*弾力を「足」という
かまぼこの足が形成される過程

1 かまぼこ

[原材料]

　魚肉（たらなどの白身魚）もしくは冷凍すり身 800 g
　＊以下の原料は水さらし後の魚肉に対する割合で示している。
　　塩ずり擂潰：食塩 2％，化学調味料 0.5％，砕氷 10％
　　本ずり擂潰：砂糖 2％，みりん 4％，卵白 3％，片栗粉 5％，砕氷 10％

[器具]

　ボウル，木じゃくし，蒸し器，フードプロセッサー，すり鉢，すりこぎ

[操作手順]

(1) 採肉：3枚におろし，骨，皮についている肉をスプーンなどでこそげとる。
(2) 水晒し：冷水に15分間攪拌しながらさらし，途中3回水を換える。
(3) 脱水：布巾で余分な水分を絞る。副原料等の割合はさらし肉から算出する。
(4) 擂潰：品温をあげないように氷水を張ったすり鉢に入れて5分間すりつぶす。
(5) 塩ずり擂潰：食塩，化学調味料および氷を3回くらいに分けて魚肉に加え，さら

に 30 分間すり続ける。

＊塩ずり擂潰後に裏ごしをすると，なめらかな製品ができる。

(6) 本ずり擂潰：砂糖，片栗粉，みりん，卵白の順に入れ，10 分すり続ける。擂潰から本ずり擂潰までの操作をフードプロセッサーで行う場合，容量と処理量を考慮する。処理時間は 1 回につき 3 〜 5 分間を目安にし，品温上昇に気をつける。

(7) 成形：適当な形に成形する。

＊時間があれば，成形後，30 〜 40 ℃で 1 〜 1.5 時間低温加熱し，坐らせる。これを行うと足が強くなる。

(8) 加熱：90 ℃，30 分間，中心温度が 75 ℃以上になるまで蒸す。

(9) 冷却：蒸し上がってから，直ちに冷水中で冷やす。

＊冷凍すり身で行う場合は，(4) 以降の操作を行う。

❷ さつまあげ

[原材料] ◆◆◆

すり身 500 g，みりん 3 g，砂糖 6 g，野菜（ごぼう 50 g，にんじん 1 / 2，大葉 5 枚，しいたけなど適量），天ぷら油 1,000 mL

[器　具] ◆◆◆

すり鉢，すりこぎ，天ぷら鍋，油きりバット

[操作手順] ◆◆◆

(1) 擂潰：すり身を弾力が出るまですりつぶす。

(2) 混合：弾力の出たすり身にみりん，砂糖を入れる。

(3) 混合：野菜等を入れる場合は，ここでしっかりと混ぜ込む。

(4) 加熱：二度揚げを行う。1 回目は 120 〜 140 ℃（水分の乾燥）で浮き上がるまで行い，2 回目は 160 〜 180 ℃で揚げ色がつくまで行う。

(5) 着色・冷却：油を切ってさます。

❸ えび入りしんじょ椀

[原材料] （4 人分）◆◆◆

すり身（かまぼこの本ずり擂潰後に取り分ける）160 g，しばえび 8 尾，塩少々，卵白 1 / 4 個（8 〜 10 g），やまといもすりおろし 大さじ 1，一番だし 4 カップ（水 4.5 カップ，かつお節 12 g，こんぶ約 10 cm），塩 4.6 g，薄口しょうゆ 小さじ 1，しめじ 2 / 3 パック，かいわれだいこん 1 / 2 パック

吸い口：みょうが，木の芽など

[器　具] ◆◆◆

すり鉢，鍋，しゃもじ，椀

［操作手順］

⑴　出汁・調味：混合一番だしと二番だしをとる。一番だしは4カップを鍋に量って，塩と薄口しょうゆで調味する。

⑵　洗浄・切断：しばえびは背わたと殻を取り，塩洗いした後みじん切りにして粗くたたく。

⑶　混合：すり鉢にすり身とたたいたえび，塩を加えてする。さらによく溶いた卵白とすりおろしたやまといもを加えて混ぜる。

⑷　湯煮：⑶の種を1/4ずつしゃもじの上にとって形を整え，沸騰させた二番だしの中に滑らせるように落としてゆでる。同じ鍋に小房に分けたしめじを加える。かいわれは糸でしばりさっとゆで，水にとって急冷する。

⑸　盛付：椀にしんじょ，しめじ，かいわれを盛り，温めた一番だしを注いで吸い口を添える。

［参　考］

冷凍すり身の工程と原理を以下の表に示す。

冷凍すり身の工程と原理

工　程	原　理
魚肉の水さらし	足形成を阻害する無機質，水溶性たんぱく質，油を除去
糖類，リン酸塩の添加	冷凍貯蔵によるたんぱく質の変性防止
−20℃に貯蔵	この温度以下で長期間貯蔵してもかまぼこゲル形成能が保たれる

水産練り製品の種類は，加熱方法，成型方法，混和物によって以下のように分類する。

水産練り製品の種類

分　類	種　類	主な製品名
加熱方法	蒸す	蒸し板
	蒸したあと焼く	焼き板
	焼く	ささかまぼこ，焼きちくわ
	湯で煮る	はんぺん，つみれ，しんじょ
	油で揚げる	さつまあげ
成型方法	板につける	蒸し板，焼き板
	ちくわ	焼きちくわ，ゆでちくわ
	す巻き	なると巻き，す巻きかまぼこ
	包装製品	包装かまぼこ，魚肉ソーセージ
	型焼き	梅焼き，なんば焼き
	かにの脚肉様	かに風味かまぼこ
混和物	でん粉	通常のかまぼこ，ちくわなど
	やまいも	はんぺん
	卵黄	だて巻，梅焼き
	野菜，いかなど	さつまあげ
	その他	豆腐かまぼこ，オードブル風かまぼこ，魚肉ソーセージ

魚肉たんぱく質：20〜35％の筋形質たんぱく質，60〜75％筋原線維たんぱく質，2〜5％の筋基質たんぱく質からなる。かまぼこの網状構造を形成するのは主に筋原線維たんぱく質である。

坐り：50℃以下の低温加熱によるゲルを坐りといい，その後，高温加熱を行う2段階加熱により，弾力のあるかまぼこができる。20℃以下の低温坐り，30〜50℃の高温坐りがあり，魚の種類によって向き不向きがある。

戻り：低温の蒸気でゆっくりと加熱すると，50℃以下の低温加熱で形成したゲルが60℃付近を通過している間に，プロテアーゼのはたらきによりゲルが崩れしまう現象のことをいう。

[学習のポイント] ◆◆◆

1．すり身のゲル化のメカニズムを知る。
2．冷凍すり身について知る。
3．すり身を利用した調理や加工品について調べる。
4．かまぼこやさつま揚げとしんじょのテクスチャーの違いを知る。
5．魚肉たんぱく質について述べる。

参考文献

岡田稔著『かまぼこの科学』成山堂，2008

小泉千秋・大島敏明著『水産食品の加工と貯蔵』恒星社厚生閣，2005

仲尾玲子・中川裕子著『つくってみよう加工食品』学文社，1996

9 水産物の加工　125

9 水産物の加工

あじの干物

干物は，主として海産物を天日などにより乾燥させ水分を 40 ％以下にし，水分活性を低下させたものである。最近では保存食ではなく，魚をよりおいしく食す方法として干物にする。干物にするとたんぱく質の分解酵素（プロテアーゼ）がはたらき，うま味成分のアミノ酸が大幅に増し，同時に水分が減ることでうま味が濃縮される。さらに，表面が乾燥することで歯ごたえを感じ，おいしさの要因となる。

[原材料]

あじ 4 尾，5 ％食塩水 1.5 L

[器具]

まな板，包丁（小出刃），ボウル，バット，ペーパータオル，食品用脱水シート，計量器具

[操作手順]

(1)　水洗：あじを水洗する。

(2)　調整：あじを背開きにし，えらと内臓をとる。

(3)　水洗：流水であじを洗い，腹の内側の黒い皮も取る。

(4)　塩漬：5 ％食塩水にて皮を上にして 30 分，皮を下にして 30 分，計 1 時間塩漬けにする。

(5)　水切：キッチンペーパーなどで水分をよく吸い取る。

(6)　脱水：脱水シートで魚の身をくるみ，隙間ができないように密着させ，冷蔵庫で 24 時間脱水させる。

(7)　製品：シートを剥がす。

[参　考]

　天日干し：干す時間は約 2 時間程度で，ざるやスダレを太陽に向け斜めにし，身を上にして 90 分干し，さらに皮を上にして 30 分干す。

　脱水シート：食品用半透膜（ポリビニルアルコールフィルム）で，浸透圧と半透膜の分子選択制を利用した市販の食品用脱水シートである。水分（遊離水）や生臭み成分（アンモニア，トリメチルアミンなど）を吸収する。分子が大きいうま味成分は，半透膜を透過できず素材に残る。シートで浸透圧脱水することができ，うま味が濃縮される。

　あじ：わが国ではアジ科の魚種は 40 種くらいで，まあじ，むろあじ，しまあじなどは干物に使われる。DHA，EPA，ビタミン A，ビタミン B，ビタミン E，カルシウム，カリウムなど栄養のバランスがよい。

[学習のポイント]

1．干物の保存性について学ぶ。

2．干物のうま味成分とその生成について知る。

126　第2部　実習

9 水産物の加工　　こんぶの佃煮

　佃煮は魚介類や海藻類を材料にしょうゆと糖分の調味液で煮熟濃縮し，水分活性を低下させることにより，微生物の繁殖を抑制し，保存性を高めてつくる。

[原材料] ◆◆◆

　こんぶ 50 g，しょうゆ 80 mL，砂糖 25 g，みりん 40 mL，食酢 30 mL，水 300 mL，水あめ 60 g（大さじ 3），山椒の実・白ごま・かつお節 各適宜

[器　具] ◆◆◆

　鍋

[操作手順] ◆◆◆

⑴　下処理：水に浸した 50 g のこんぶに食酢を入れて 20 ～ 40 分間煮て柔らかくする。家庭でつくる際は，だしを取った後のこんぶを使うか圧力鍋で加熱してもよい。

⑵　細刻：こんぶを 2 × 2 cm の大きさの色紙切りにする（細切りにしてもよい）。

⑶　煮熟：鍋にこんぶ，しょうゆ，砂糖，みりん，水を加えて加熱し，煮立ったら弱火で煮詰める。20 分程で水あめを加え，汁気がなくなり，照りがでるまで煮詰める。

⑷　製品：山椒の実，白ごま，かつお節などを適宜加えてもよい。

[参　考] ◆◆◆

　佃煮はしょうゆを主として，砂糖その他の調味料を加えて原材料を煮しめ，一般に味を濃厚にし，水分を少なくして保存性を高め，副食を目的とした食品と定義される。佃煮のつくり方には煎付法，煮詰法，浮かし煮などがある。材料を調味液とともに煮込むことで高温になり，細菌が死滅し，水分が少なくなり，長期保存に耐える製品ができる。一般に佃煮，角煮，甘露煮，しぐれ煮，あめ煮が製造されている。

山椒の実の佃煮のつくり方（山椒の実 500 g，しょうゆ 180 g，みりん 80 g，酒 100 g）

　山椒の実を水にさらした後，たっぷりの熱湯に入れて 3 ～ 5 分ゆでる。一昼夜水にさらす。ざるに取り，水気を取る。しょうゆ，みりん，酒を沸騰させ山椒を入れ弱火で煮詰める。味と硬さをみながら 2 ～ 3 回 100 mL 程度の熱湯を入れて，煮詰める。

[学習のポイント] ◆◆◆

1．佃煮の製造法を学ぶ。
2．食塩含量を計算する。
3．水あめを用いる理由を考える。

引用・参考文献

吉田勉監修／佐藤隆一郎・高畑京也・堀口恵子編著『わかりやすい食物と健康 3 − 食品の生産・加工・流通・調理』三共出版，2007

吉田勉編『新食品加工学』医歯薬出版，1999

9 水産物の加工　　　　ところてん

　てんぐさを熱湯で煮て寒天質を抽出し，ろ液を冷却してゲル化させたものがところてんである。ところてんには磯の香りや色素が残っているが，ところてんの凍結と融解を繰り返すと不純物が除かれて無色透明の寒天が得られる。寒天は寄せ物や和菓子に利用したり，ゲル化したものをサイコロ状に切ってみつ豆に添える。

[原材料]

　　てんぐさ（乾燥したもの）15 g，水 800 mL，食酢 15 mL
　　たれ：酢じょうゆ・青のり・黒蜜・めんつゆなど 適宜

[器　具]

　　深めの鍋，ボウル，ざる，布巾，バット，天突き

[操作手順]

(1)　洗浄：てんぐさをよく洗いゴミなどを除く。

(2)　抽出：鍋にてんぐさ，水，食酢を入れて火にかけ，沸騰したら弱火にして蓋をし，ふきこぼれに注意して約 40 分煮熟し寒天質を抽出する。

(3)　ろ過：熱いうちに布巾でしぼり，ろ液を得る。

(4)　成型・冷却：ろ液をバットに流し入れ，泡を取って静置冷却しゲル化させる。

(5)　切断：天突きは十分に吸水させておく。固まったところてんを天突きの幅に合わせて切り，突き出して切る。

(6)　製品：黒蜜や酢じょうゆ，めんつゆなどをつけて食べる。

[参考]

　1647 年，京都の商人がところてんの残りを屋外に捨てたものが乾燥しているのを見つけ，これを煮溶かしてみるとにおいが抜け透き通ったものになっているのを発見したのが寒天の始まりとされている。てんぐさはテングサ科の海藻の総称で，そのうちの数種類がところてんや寒天の原料となる。紫紅色の藻で紅藻類に分類される。寒天質はアガロースとアガロペクチンからなる難消化性多糖類である。寒天ゲルを放置すると水分の分離が見られることがある。これは内部構造の縮小によって，含まれていた水の一部が放出されるもので離漿または離水という。

[学習のポイント]

1．ところてんの原料，成分，製造原理を知る。

2．他のゲル化剤の原料，性質などを比較してみる。

参考文献

日本伝統食品研究会編『日本の伝統食品事典』朝倉書店，2007

小原哲二郎・細谷憲政監修『簡明食辞林』樹村房，1997

9 水産物の加工　　天草寒天

寒天は紅藻類（てんぐさ，おごのり，おばくさ，ゆいきり）から抽出される多糖類で，主成分はアガロース（約70％）とアガロペクチン（約30％）である。海藻を煮熟して細胞間物質を抽出・濃縮後，冷却してゲル状のところてんとし，これを凍結・融解・脱水・乾燥してさまざまな形態の寒天がつくられる。糸寒天や角（棒）寒天は自然の寒気を利用してつくられる天然寒天であるが，粉末，粒状，フィルム状など用途に合わせた形態で生産される工業寒天もある。

寒天は水中で膨潤させた後，80℃以上で加熱溶解するとゾルになり，ある濃度以上のゾルは冷却すると固まってゲルとなる。高温では自由度の高い状態で分散しているが，温度が低下すると三次元の網目構造を形成するためゲル化すると考えられている。

[原材料]　（出来上がり約600 mL）◆◆◆

てんぐさ30 g，酢10 mL，水2.5 L

[器　具]　◆◆◆

寸胴鍋，片手ざる，さらし布巾，流し缶

[操作手順]　◆◆◆

(1)　洗浄・浸漬：寸胴鍋の重さを量っておく。寸胴鍋に2.5 Lの水を加え，もみ洗いしたてんぐさを浸漬する（8〜24時間）。

(2)　抽出：酢を加えて強火にかけ沸騰させる。蓋はせず，噴きこぼれない程度の火加減で中のてんぐさが踊るような状態を維持する（約60分）。煮詰め上がりは約830 gとする。

(3)　ろ過：片手ざるでこして，てんぐさを取り除き，固く絞ったぬれ布巾で再度液をこす。

(4)　冷却・凝固：水通しした流し缶に流す。気泡はすくって取り除く。常温で放置して凝固させ，冷蔵庫で冷やす。

[参　考]　◆◆◆

てんぐさの主な生産地は伊豆，高知が有名だが，天然寒天の生産は雪や雨が少なくて乾燥しやすく，昼夜の気温差の激しい風土が特徴の諏訪地方や岐阜で行われている。

[学習のポイント]　◆◆◆

1．海藻から寒天が抽出される過程を知る。

2．寒天の種類と成分を知る。

3．他の凝固剤（ゲル化剤）について調べ，違いを知る。

参考文献

山崎清子ら著『NEW調理と理論』同文書院，2011

いかの塩辛

9 水産物の加工

いかの塩辛は，細切りしたいかの胴および脚に肝臓内容物ならびに食塩を加え熟成させたもので，肝臓に含まれる酵素の自己消化と微生物の作用により遊離アミノ酸などのうま味を増加したものである。塩蔵による保存性の向上は主に浸透圧によるが，浸透圧に耐性をもつ腸炎ビブリオなど好塩性微生物のほか，アニサキスなど寄生虫にも注意が必要である。いかの塩辛は，製造法により赤作り，白作り，黒作りがある。

[原材料] ❖❖❖

冷凍するめいか1ハイ，食塩（いか肉重量の5〜12％），米麹（いか肉＋肝臓内容物の10％），みりん（いか肉＋肝臓内容物の10％），柚子皮粉 適宜

[器 具] ❖❖❖

包丁，まな板，ボウル，計量カップ，蓋付き広口ビン

[操作手順] ❖❖❖

(1) 原料いか：するめいかは寄生虫を考慮し冷凍品を用いる。解凍したいかを軽く水洗い後，水分を拭き取る。

(2) 内臓分離：胴部に指を入れ，丁寧に肉面から内臓部を剥がし引き抜き，肝臓を破らないよう頭部から切断し，取っておく。このとき，胴部を縦に切り開くと内臓を剥がしやすい。黒作りは墨袋も丁寧に剥がし取っておく。

(3) 不可食部除去：頭部は眼球と口バシを除去し，胴部は切り開き軟骨を除去する。脚部は先端を落とし，吸盤を包丁でこそぎ落とす。白作りは胴部のみ用いる。

(4) 細切：開いた胴部からヒレ部を取った後，胴部，ヒレ部，頭部をおのおの水洗し拭き取り，3〜4cm幅に横切りし，さらに4mm幅に縦に細切りする。脚部も同様に3〜4cmの長さに切る。いか肉重量を計量しておく。

(5) 肝臓内容物添加：肝臓を軽く水洗後，内容物を絞り出し，いか肉重量の10〜15％量（白作りでは7〜8％）添加する。

(6) 食塩・副材料添加：食塩はいか肉重量に対し10％，米麹（あらかじめ湯で米飯程度に戻しておく），みりん，柚子皮粉などは好みで添加する。黒作りでは墨汁を加えるが，墨汁中のリゾチームには防腐効果がある。

(7) 混合：十分に空気を含ませながら混合する。

(8) 充填・密封：ビンに入れ，密封する。

(9) 熟成：常温または冷蔵で熟成させ，この間毎日撹拌する。塩分濃度，熟成温度，米麹の添加などにより熟成期間が大きく異なるが，塩分10％で米麹を添加した場合，常温で2〜3週間，冷蔵で1〜2カ月間熟成させる。

(10) 製品：いか肉が適度に軟化し，異味・異臭のないものがよい。

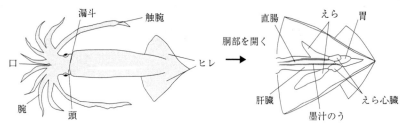

するめいかの構造

［参考］◆◆◆

　米麹，みりん，柚子皮粉は加えなくてもよい。

　内臓分離は，先に肝臓を破らないよう縦に開くと処理しやすい。

　塩辛は，いかの塩辛のほかかつおの「酒盗」，うにの卵巣の塩辛，あゆの「うるか」，なまこの「このわた」，さけの「めふん」などがある。

［学習のポイント］◆◆◆

1．肝臓酵素の自己消化とうま味との関係について考える。
2．塩蔵による保存性について考える。

10 調味料　**131**

10 調味料

ドレッシング

　ドレッシングは狭義では食酢とサラダ油を混合したものをいうが，広義にはマヨネーズも含めてドレッシングという。日本農林規格（JAS）では食用植物油脂および食酢もしくはかんきつ類の果汁に食塩，砂糖類，香辛料を加えて，水中油滴型（O／W型）に乳化した，半固体状もしくは乳化液状の調味料または分離液状の調味料およびこれらにピクルスの細片を加えたものをドレッシングという。

［原材料］（**基本のフレンチドレッシング**）❖❖❖

　ワインビネガー 50 mL，エキストラバージンオリーブオイル 100 mL，食塩 3 g（小さじ 1／2），あらびきこしょう 0.3 g（小さじ 1／8）

［器　具］ ❖❖❖

　ボウル，泡立て器

［操作手順］ ❖❖❖

(1)　混合：水気をふきとったボウルにワインビネガー，食塩，こしょうを入れ，泡立て器でよく混ぜて食塩を溶かす。

(2)　乳化：(1)のボウルにオリーブオイルを少しずつ垂らしながら，白っぽく乳化するまで泡立て器でよく混ぜる。

［参　考］ ❖❖❖

　和風，中華風のドレッシングは次の材料を上記と同様に混合，乳化するとよい。

　・和風：食酢 30 mL，サラダ油 50 mL，しょうゆ 30 mL

　・中華：食酢 30 mL，ごま油 50 mL，サラダ油 50 mL，しょうゆ 30 mL，煎りごま 5 g

ドレッシングの材料となるもの

食酢	米酢，穀物酢，りんご酢，バルサミコ酢，ワインビネガー，各種かんきつ類の果汁
油脂	サラダ油，オリーブオイル，ごま油，その他植物性油
香辛料	こしょう，しょうが，マスタード，とうがらし，ゆずこしょう，山椒，わさび，にんにく，パセリ，しそ，バジル
調味料	塩，しょうゆ，砂糖，豆板醤，コチュジャン，ケチャップ，タバスコ，カレー粉
その他	たまねぎ，トマト，ねぎ，セロリ，卵黄，アンチョビー，ごま，梅

［学習のポイント］ ❖❖❖

1．水と油の乳化について学ぶ。

2．ドレッシングの日本農林規格（JAS）について学ぶ。

132　第2部　実習

10 調味料

焼肉のたれ

しょうゆを主原料に野菜，果物，香辛野菜のすりおろしを混合し，砂糖，酒，食酢，ごま油，コチュジャン等を加え，加熱し，保存性を高め，風味豊かなたれをつくる。

❶ 甘口タイプの焼肉のたれ

[原材料] ◆◆◆

　りんご100 g（1／2個），たまねぎ100 g（1／2個），にんにく10 g（1〜2片），しょうが10 g（1片），赤ワイン50 mL，しょうゆ130 mL，砂糖18 g（大さじ2），食酢10 mL（小さじ2），白ごま10 g（大さじ1），ごま油15 mL（大さじ1），とうがらし適量

[器　具] ◆◆◆

　おろし金またはフードプロセッサー，鍋，保存容器

[操作手順] ◆◆◆

⑴　磨砕：りんご，たまねぎは皮を剥きすりおろす。にんにく，しょうがも同様にする。

⑵　煮熟：鍋にすりおろした野菜ととうがらしを除いた他の材料を入れ，ひと煮立ちさせ，火を止める直前に小口切りのとうがらしを入れる。

⑶　放冷・貯蔵：2〜3日おくと味がよりなじむ。冷蔵庫で約2週間保存できる。

❷ 辛口タイプの焼肉のたれ

[原材料] ◆◆◆

　酒100 mL，みりん100 mL，たまねぎ100 g（1／2個），しょうゆ150 mL，コチュジャン50 g，いり白ごま10 g，にんにく10 g（1〜2片）

[器　具] ◆◆◆

　おろし金またはフードプロセッサー，鍋，保存容器

[操作手順] ◆◆◆

⑴　煮切：鍋に酒，みりんを入れて中火にかけ，ひと煮立ちさせアルコールを煮切る。

⑵　混合・加熱：すりおろしたたまねぎとにんにくを⑴に入れ，さらに残りの材料を加え，焦げないように混ぜながら加熱する。沸騰したら，火を止め，粗熱をとって保存容器にうつす。冷蔵庫で約1カ月保存できる。

[参　考] ◆◆◆

　家庭で利用されるようになった当初は焼肉料理専用であったが，現在はしょうゆやソースのように幅広く利用され，常備される調味料になった。朝鮮風，洋風，和風，中華風，しょうゆ味，みそ味，甘口，中辛，辛口等バラエティーに富んだ商品がある。

[学習のポイント] ◆◆◆

1．果物，野菜，香辛料，調味料の組み合わせで好みの味のたれをつくることができる。

10 調味料　みそ

　蒸煮だいずに麹と食塩を加え発酵熟成したわが国古来の伝統発酵食品で，主に調味料として用いられている。麹の原料によりその種類は米みそ，麦みそ，豆みそと分類される。また，色相からも赤みそ，白みそ，淡色みそ，その他副食に用いるなめみそ（金山寺みそ）などがあり，その配合割合や処理法に特徴がある。みそは，麹菌の生成するアミラーゼによってでんぷんを分解し，だいずのたんぱく質をプロテアーゼによりアミノ酸に分解してうま味を醸成し，消化吸収しやすくした食品である。

［原材料］

　だいず1 kg，米麹 0.8 kg，食塩 0.4 kg，種水 150 mL

［器　具］

　ボウル，圧力鍋（オートクレーブ），ざる，仕込桶，重石，計量器具，（ミンサー）

［操作手順］

(1) 水洗：だいずを水洗いし夾雑物を除く。

(2) 浸漬：だいずを水で浸漬（夏期：10 時間，冬期：20 ～ 24 時間）する。

(3) 蒸煮：オートクレーブで30 分間蒸煮し，豆が親指と小指で潰せるくらいまで煮る。

(4) 潰し・混合：豆を潰し，種水と塩切麹と混合する。塩切麹とは出麹したものに塩を混ぜたもので，麹の生育を抑えるとともに生成した活性酵素を維持し，雑菌による汚染を防ぐ効果がある。

(5) 仕込：ソフトボール大に丸めて桶に投げ入れ，空気を除き仕込む。

(6) 熟成：表面を平らにして塩をふり塩蓋をし，ラップをして重石をし熟成させる。

(7) 切返：3 カ月後くらいに切り返して空気の入れ替えをし，熟成を促進させる。

(8) 製品：漉しみそにする場合はミンサーにて漉す。

［参　考］

● みその種類

　みそは普通みそとなめみそに大別される。

　普通みそ：麹の原料からは米みそ，麦みそ，豆みそに分けられる。普通みそは，原料配合，製品の色調，甘辛の程度，および産地などによって細分され，それぞれは形態によって粒みそ，漉しみその別がある。また，栄養強化みそ，減塩みそのように成分別あるいは用途別の分け方がある。

　なめみそ：醸造なめみそと加工なめみそがあり，前者はひしほみそや金山寺みそのように，麦と脱皮大豆の麹と塩を主原料として，野菜類を加えたものである。一方加工なめみそには，鯛みそ，ゆずみそ，しぐれみそ，ピーナッツみそなどがあり，みそをベースに砂糖や水あめなどを加えて練ったみそに前述の農水畜産物を混合したものである。

みその原料

みその主原料はだいず，米あるいは麦および塩である。

だいず：だいずの種類は多く，みそ用には黄色種が主に用いられる。このだいずの特徴はたんぱく質（約 40％）と脂質（約 20％）が多く含まれていることである。だいずたんぱく質にはグロブリンに属するグリシニン，ファゼオリンや，アルブミンに属するレグメリン，プロテオースがある。だいずたんぱく質を構成するアミノ酸組成は下表の通りであり，その特徴としてリシンが多く，含硫アミノ酸（メチオニン，シスチン）が少ないことがあげられる。脂質は不飽和脂肪酸の占める割合が高く，その大部分はリノール酸であり，また酸化されやすいリノレン酸も含まれている。みそ用だいずには炭水化物含量の多いものが適しており，国産だいずは米国産に比してその含量は明らかに多い。

米：米はジャポニカ種とインディカ種に大別される。みそ用には白米が用いられ，

普通みその分類

種類	甘辛味	色調	おもな銘柄もしくは産地
米みそ	甘みそ	白	西京白みそ・讃岐みそ・府中みそ
		赤色	江戸甘みそ
	甘口みそ	淡色	相白みそ
		赤色	中みそ・御膳みそ
	辛口みそ	淡色	信州みそ
		赤色	仙台みそ・佐渡みそ・越後みそ・津軽みそ・北海道みそ・秋田みそ・加賀みそ
麦みそ	甘口みそ	淡色	熊本・大分・鹿児島・宮崎
		赤色	九州・愛媛・中国
	辛口みそ	赤色	埼玉・栃木・広島・山口
豆みそ	辛みそ	赤色	愛知・三重・岐阜

みそ原料たんぱくのアミノ酸

アミノ酸	大豆	米	大麦
アルギニン	7.8	5.4	3.8
ヒスチジン	2.6	2.2	2.0
リシン	6.8	4.2	3.3
チロシン	3.7	2.5	2.2
トリプトファン	1.2	1.3	1.4
フェニールアラニン	6.1	3.9	4.4
シスチン	1.0	1.2	1.5
メチオニン	1.0	2.5	1.6
セリン	5.7	3.9	4.5
スレオニン	4.6	4.0	3.2
ロイシン	7.5	7.6	6.8
イソロイシン	4.5	4.5	3.7
バリン	5.1	6.5	5.4
グルタミン酸	17.2	16.0	22.0
アスパラギン酸	12.0	8.0	5.6
グリシン	4.3	4.4	3.8
アラニン	4.2	6.6	4.3
プロリン	7.9	6.2	14.3
N (g)	16	16	16

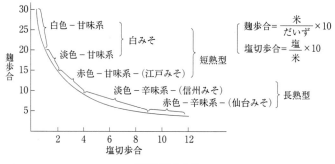

原料配合とみそ

国内産水稲は麹がつくりやすく，米を麹にしたとき糖化性が良好で，みそ原料として すべての点で優れている。

　塩：塩の種類は原料により岩塩，海塩，かん水塩に大別され，国内塩，輸入塩に分 けられる。国内塩には，食卓塩，特級精製塩，精製塩，上質塩，並塩，粉砕塩，原塩 の区別からなり，みそ用には上質塩が用いられている。

● 　熟成中におけるみその成分変化

　たんぱく質はプロテアーゼによってアミノ酸や低分子ペプチドに分解され，うま味 をつくる。でんぷんはアミラーゼによりデキストリン，麦芽糖，ブドウ糖になり甘味 を生じ，一部は有機酸やアルコールになって酸味や香気成分の主体となる。みその熟 成とともに，たんぱく質と分解物のアミノ酸と糖によるアミノ・カルボニル反応（メ イラード反応）により着色する。これは熟成期間が長期にわたるほど濃く着色するこ ととなる。

みその成熟中の成分変化

作用	微生物	基質	生成物	風味
糖　　　　　化	麹カビ	で　ん　ぷ　ん	糖	甘味
たんぱく分解	麹カビ	た　ん　ぱ　く　質	アミノ酸	うま味
アルコール発酵	酵母	糖　　　　分	アルコール	芳香
エ　ス　テ　ル　化			エステル	
生　　　　　酸	乳酸菌	糖分・たんぱく質	有機酸	酸味

● 　みそに関与する主な微生物

　麹菌（*Aspergillus oryzae*）はアミラーゼやプロテアーゼを産生し，原料のでんぷん やたんぱく質を加水分解し，糖質やアミノ酸を生成する。酵母（*Zygosaccharomyces rouxii, Candida versatilis*）はアルコールを産生し香気成分を生成し，乳酸菌（*Tetrageno-coccus halophilus*）は乳酸を産生し，原料臭の除去や酸味に関与する。

[学習のポイント] ◆◆◆

1．みその種類を知る。

2．みその原料について理解する。

3．みそ熟成中の成分変化を知る。

4．みそに関与する微生物を知る。

10 調味料

しょうゆ

しょうゆは蒸しただいずと炒って破砕した小麦に麴菌を接種して製麴し，これに食塩水を加えてもろみとし，発酵熟成後，圧搾したもので，みそと並ぶ日本の代表的な発酵調味料食品である。日本農林規格（JAS）による製造方法は本醸造方式，混合醸造方式，混合方式があり，80％以上が本醸造方式で製造されている。また，しょうゆの種類は日本農林規格により，こいくちしょうゆ，うすくちしょうゆ，たまりしょうゆ，さいしこみしょうゆ，しろしょうゆとされ，しょうゆの定義から規格，表示まで定められている。しょうゆは塩味を与え，各種アミノ酸のうま味を主体とする複雑な味で，しょうゆに含まれる糖や有機酸も味に関与し，その他アルコール類，エステル類などの芳香成分があるが，これは原料そのもの，麴菌の酵素のはたらき，もろみ中の乳酸菌，酵母に由来する。

［原材料］ ◆◆◆

脱脂だいず1kgと小麦1kg（またはしょうゆ麴2kg），20％食塩水3.5L（汲水12水：脱脂だいずと小麦重量の1.75倍，ボーメ19〜20°塩水），湯1.3L

［器　具］ ◆◆◆

フライパン，圧力鍋，ミル，8L蓋付きバケツ，しぼり袋，圧搾機，5Lカップ

［操作手順］ ◆◆◆

(1)　撒湯・蒸熟：脱脂だいずに湯をかけ，圧力鍋で3〜5時間蒸熟する。

(2)　炒ごう・割砕：小麦を炒って，砕く。

(3)　混合・製麴：(1)，(2)を混合し，しょうゆ用種麴を散布し，製麴する（麴の操作手順(5)以降参照）。

(4)　仕込・熟成：食塩水に(3)の麴を混合しもろみとし，常温で熟成する（約6カ月）。

(5)　圧搾・火入：しぼり袋にもろみを入れてしぼり（圧搾機使用または自然ろ過），生揚げしょうゆとし，火入れ（80℃，10分間）する。

(6)　静置・おり引き・ろ過：静置して浮遊物を沈殿させ（おり引き），ろ過する。

(7)　ビン詰：ろ過したしょうゆをビンまたはペットボトルに詰める。

＊市販のしょうゆ麴を用いる場合は(4)の操作から行う。

［参　考］ ◆◆◆

● 日本農林規格（JAS）による製造方法

本醸造方式：蒸煮した脱脂だいず，炒って割砕した小麦と合わせて麴を製造し，食塩水とともに約1年発酵熟成させ，もろみを圧搾し，火入れをしてしょうゆとする。

混合醸造方式：もろみまたは生揚げしょうゆにアミノ酸や酵素処理液を加え，発酵，熟成させてつくる。醸造期間の短縮，窒素の利用率の高い面で利点がある。

混合方式：本醸造方式，混合醸造方式のしょうゆに，酵素処理液，アミノ酸液を加

え，発酵工程を省くことができる製法である。

● 日本農林規格によるしょうゆの種類

こいくちしょうゆ，うすくちしょうゆ，たまりしょうゆ，さいしこみしょうゆ，しろしょうゆがある。表に各しょうゆの特徴を示す。

しょうゆの特徴

こいくちしょうゆ 塩分濃度：16 ～ 18 %	原料は，だいず，小麦をほぼ等量に用いる。主に関東地方で発達し，一般的なしょうゆで消費量の約 80 %を占める。色は明るく，冴えた赤褐色である。
うすくちしょうゆ 塩分濃度：18 ～ 19 %	主に関西地方で消費される淡色のしょうゆで，もろみの塩分濃度を高く，醸造期間を短くし，火入れ時の過熱も避けるなど全工程で色の濃化を抑えて製造する。
たまりしょうゆ 塩分濃度：12 ～ 13 %	でんぷん原料は使わず，だいずと食塩水でつくる。トロリとしたコクが特長で，色は黒く，味は濃厚で照り焼，せんべいに適し，愛知三河地方を中心に，岐阜県，三重県でつくられる。
さいしこみしょうゆ 塩分濃度：11 ～ 13 %	仕込みの工程で食塩水のかわりに生揚げしょうゆを用い，仕込みを二度繰り返す。色も成分も濃厚で，蒲焼のたれ，さしみに用いられる。中国地方，山陰地方を中心に生産される。 生揚げしょうゆ：しょうゆ麹に食塩水を加えたもろみを発酵熟成させ搾ったもので，生しょうゆともいい，酵母や酵素がはたらく状態で火入れしていないしょうゆである。
しろしょうゆ 塩分濃度：13 ～ 14 %	原料は小麦が多く，製品の色は薄く，淡白な味で特有の香気がある。茶わん蒸し，きしめんなど薄色の料理に使う。愛知県が主な生産地。火入れしないため長期保蔵はできない。

● しょうゆ製造に関与する微生物と役割

麹菌（*Aspergillus oryzae, Aspergillus sojae*），酵母（*Zygosaccharomyces rouxii, Candida versatilis*），乳酸菌（*Tetragenococcus halophilus*）の発酵，熟成により製造される。麹菌のアミラーゼやプロテアーゼにより，原料のでんぷんやたんぱく質を加水分解し，糖質やアミノ酸を生成し甘味やうま味が形成される。乳酸菌によりもろみの pH が 5.5 付近になると酵母の発酵が盛んとなり，香気成分のアルコール類やエステル類などを産生する。アミノ・カルボニル反応も起こり，着色，香気成分が生成する。

● その他のしょうゆ

減塩しょうゆ：普通のしょうゆの約 2 分の 1 量の食塩含量のしょうゆで，高血圧や心疾患，腎疾患など食塩を控える必要のある人に用いられる。

魚しょうゆ：うおしょうゆともいう。魚を塩漬し，内臓や肉質および微生物の酵素でたんぱく質を分解してできた独特なうま味と香りをもつ分解液で，秋田県のしょっつる，石川県のいしる，タイのナンプラー，ベトナムのヌォクマムなどがある。JAS 法ではしょうゆに属さず，調味液である。

[学習のポイント] ◆◆◆

1．しょうゆの種類を知る。
2．しょうゆ製造に関与する微生物と役割を知る。

138　第2部　実習

みりん風液体調味料

10 調味料

　みりんは，米，米麹，焼酎（アルコール）を主原料とし，アルコール分約14％，エキス分40％以上の淡黄色透明の酒である。焼酎に米麹と蒸したもち米を混和し，約2カ月熟成させ，圧搾，ろ過，殺菌して製品とする。清酒や焼酎のように酵母によるアルコール発酵の工程はなく，米麹のもつ酵素がでんぷんを糖に，たんぱく質をアミノ酸に分解するほか，有機酸や香気成分も生成し，独特の風味が形成される。料理に甘味とうま味を付与し，てり・つやを与える調味料として主に使われるほか，焼酎などでアルコール分を22％程度に高めた本直しは飲用に使われている。

　一般的に「本みりん」と呼ばれるものは酒税法の混成酒類に分類されており，免許がなければ製造・販売できない。ここでは，塩を加えて不可飲処理をしたみりん風の液体調味料の製造方法を示す。

[原材料]　（出来上がり約1L）◆◆◆

　もち米300 g，米麹300 g，塩30〜40 g，ホワイトリカーまたは焼酎（アルコール度数35度）600 mL

[器　具]　◆◆◆

　計量カップ，炊飯器，ボウル，温度計，保存容器

[操作手順]　◆◆◆

(1)　炊飯：もち米を研ぎ，重量の1.2倍の水を加えて吸水させず直ちに炊飯器で炊く。

(2)　分散：米麹は手でほぐしてばらばらにしておく。

(3)　混合：もち米が炊き上がったらボウルにとって粗熱を取り，ホワイトリカーを加え混ぜる。温度が40℃前後になったら，米麹を加えてよく混ぜる。

(4)　もろみ・熟成：(3)の重量の2％の塩を加えてもろみとする。殺菌した保存容器に入れて密閉し，室温下で3カ月〜半年熟成させる。

(5)　ろ過：熟成の終わったもろみを布袋などでこす。こした液を数日静かに置いておくとおりが沈殿し，透明なみりん風の発酵調味料が得られる。

[参　考]　◆◆◆

● みりん類似調味料について

　「本みりん」に似た調味料として，「みりん風調味料」，「発酵調味料」がある。「みりん風調味料」は糖類を主原料とし，調味料や酸味料を加えたアルコール分1％以下の甘味調味料で，「発酵調味料」はアルコールを含有しているが，食塩を添加し飲めないようになっているため酒税法の対象外になっている。本みりんとは異なり，みりん類似調味料は原材料や製造方法に特に規定はなく（発酵調味料は不可飲処置が必要），さまざまな特徴をもった製品が製造されている。「みりん風調味料」はアルコールをほとんど含まないため，アルコールによる調理効果は期待できない。また，「発

酵調味料」は塩分が含まれるため塩味の調製が必要となる。

本みりんとみりん風調味料の違い

	本みりん	みりん風調味料	発酵調味料
原材料	もち米，米麹，醸造アルコール，糖類など酒税法で定められた原料	糖類，米，米麹，酸味料，調味料など（規定なし）	米，米麹，糖類，アルコール，食塩など（規定なし）
製 法	糖化熟成	混合	発酵，加塩，混合など
酒 税	対象品	対象外	対象外
アルコール度数	約 14 %	1 %未満	8 〜 15 %
塩 分	0 %	1 %未満	1.5 〜 2 %

● 原料米について

みりんに使われる米は，麹に使用するうるち米と掛米に使用されるもち米からなる。うるち米でんぷんはアミロース 20 % とアミロペクチン 80 % からなるが，もち米でんぷんはアミロペクチンのみである。高濃度のアルコールを含むみりんもろみ中では酵素作用が抑制され，でんぷんも老化しやすいため，麹酵素による消化性がよく，老化しにくいもち米を用いる。うるち米を掛米に使用すると収量が低く，みりん様の香味が出ないため不適当であるといわれる。

● 自家醸造について

酒税法上の酒類とは，アルコール 1 % 以上の飲料のことを指し，酒類の製造・販売には免許が必要になる。消費者が自分で飲むために酒類（アルコール 20 % 以上のもので，かつ酒税が課税済みのものに限る）に次の物品以外のものを混和する場合は，例外的に製造行為としないことになっている。

・米，麦，あわ，とうもろこし，こうりゃん，きび，ひえもしくはでんぷんまたはこれらの麹
・ぶどう（やまぶどうを含む）
・アミノ酸もしくはその塩類，ビタミン類，核酸分解物もしくはその塩類，有機酸もしくはその塩類，無機塩類，色素，香料または酒類のかす

［学習のポイント］ ◆◆◆

1．米麹の酵素作用を知る。
2．みりんとみりん類似調味料の違いを知る。

参考文献

森田日出男編著『みりんの知識』幸書房，2003

福場博保・小林彰夫編『調味料・香辛料の事典』朝倉書店，1991

国税庁 HP「お酒に関する情報」(http：//www.nta.go.jp/shiraberu/senmonjoho/sake/sake.htm)

140　第2部　実習

10 調味料

ウスターソース

ソースは広義にはしょうゆ（ソイソース），マヨネーズソース，トマトケチャップなどを含む液体調味料のことであるが，日本でソースといえばウスターソース類を指すほど普及している。ウスターソースは野菜や果実の煮出し汁やピューレーに食塩，糖類，食酢，香辛料などを加えて熟成させたもので，日本農林規格（JAS）では，粘度の低いものからウスターソース，中濃ソース，濃厚ソースに分類される。ソースの品質は原料となる野菜・果実の種類と量に左右され，ウスターソースは辛味があり，さらりとしているのに比べ，中濃ソースや濃厚ソースでは野菜のほかに果実も多く使われているため，パルプ質が多く，粘稠性があり，味や風味もまろやかである。ここではウスターソースのつくり方を示す。

ウスターソース類の日本農林規格（JAS）

	ウスターソース		中濃ソース		濃厚ソース	
	特　級	標　準	特　級	標　準	特　級	標　準
無塩可溶性固形分	26 % 以上	21 % 以上	28 % 以上	23 % 以上	28 % 以上	23 % 以上
野菜・果実の含有率	10 % 以上	－	15 % 以上	－	20 % 以上	－
食塩分	11 % 以下		10 % 以下		9 % 以下	
粘　度	0.2 Pa・s 未満		0.2 Pa・s 以上 2.0 Pa・s 未満		2.0 Pa・s 以上	

[原材料]　（出来上がり約1 L）◆◆◆

A：たまねぎ200 g（中1個），トマト水煮缶400 g，にんじん100 g（中1本），にんにく20 g（2片），セロリ5 g（中1／2本），りんご300 g（中1個），こんぶ5 g，乾しいたけ2枚，煮干5〜7尾（20 g）

B：塩60 g，砂糖120 g

C：こしょう0.3 g，ナツメグ0.5 g，シナモン1 g，チリペッパー0.1 g，クローブ0.5 g，セージ0.5 g，タイム0.5 g，ローレル0.5 g

D：食酢150 mL

[器　具]　◆◆◆

包丁，まな板，鍋（ステンレス製鍋またはホーロー鍋），ミキサー，裏ごし器または布袋，木じゃくし，保存用ビン，ボウル（ステンレス製），計量カップ

[操作手順]　◆◆◆

(1)　野菜，果実の下処理：Aの野菜と果実はよく水洗いし，細かく切る。こんぶも細切りにする。

(2)　煮熟：Aと水1 Lを鍋に入れて，全体の量が1／2位になるまで弱火〜中火で煮込む（約1時間）。

(3)　ミキサー処理・ろ過：(2)を人肌程度まで冷ましてからミキサーにかけ，均質な

液体とする。これを凹型にした裏ごし器に通し，上から木じゃくしで押して滑らかな液体を得る。布袋でこしてもよい。

(4) 加熱・ろ過：裏ごしした液体にB，Cを加えて弱火で30〜40分加熱し，(3)と同様に裏ごし器を使ってろ過する。香辛料が微粉末の場合，ろ過は省略する。

(5) 酸味料の添加：50〜55℃まで冷却したら，Dを加える。煮沸消毒したビンに入れて密封し，1カ月程度熟成させるとまろやかな風味が醸し出される。

[参 考] ✦✦✦

ウスターソースは，19世紀のはじめにイギリスのウスター市で誕生し，日本には明治初期に伝わったとされているが，日本人の味覚に合うようさまざまな工夫がなされ，今日広く利用されるような味になった。ウスターソース類の必須原料は，野菜・果実，食酢，糖類，食塩，香辛料であるが，このほかにこんぶやアミノ酸液などの調味料類，甘味料，中濃・濃厚ソースのとろみづけのためのでんぷん類（コーンスターチなど）や増粘剤も使用される。使用できる食品添加物は日本農林規格（JAS）で定められおり，標準品は特級品よりも使用できる添加物の量が多い。

[学習のポイント] ✦✦✦

1．ウスターソース，中濃ソース，濃厚ソースの違いを知る。

参考文献

仲尾玲子・中川裕子著『つくってみよう加工食品（第6版）』学文社，2011

吉田照男著『図解食品加工プロセス』工業調査会，2003

福場博保・小林彰夫編『調味料・香辛料の事典』朝倉書店，1991

11 菓子類　みたらしだんご

　だんごは米粉や雑穀粉を捏ねて丸め，蒸したりゆでたりしたものである。あん，きな粉をまぶしたり，焼いてしょうゆをつけて食べる。みたらしだんごは直径2 cm くらいの白だんごを串にさして甘だれあんをつけたものをいう。白玉粉と上新紛を75：25で配合しただんごと，白玉粉のみの米粉配合の異なる2種類のだんごを製造する。

[原材料]

　米粉A：白玉粉75 g，上新紛25 g，米粉B：白玉粉100 g，沸騰水80 g（粉の80 %）
　たれ：上白糖30 g，しょうゆ 大さじ1，片栗粉 大さじ1／2，水50 mL

[器　具]

　菜箸，ボウル，鍋，小鍋（たれ用），木べら，はかり，ざる，計量カップ

[操作手順]

(1) 混合・捏ね：米粉に沸騰水を少しずつ加え，菜箸などで粉と水を混ぜ合わせた後，手で耳たぶ程度のやわらかさにまとまるまで捏ねる。

(2) 丸め・ゆで：だんごを20～24個（A，B各々）にまるめ，たっぷりの沸騰水で，だんごが表面に浮き上がるまでゆでる（4分間程度）。

(3) 冷却：だんごがゆであがったら，ざるに上げた後ボウルに入れ，3分ほど流水につける。だんごの水気を切り，器に盛る。

(4) たれづくり：たれは，材料を小鍋に入れ，木べらで混ぜながら弱火で煮る。煮立ってとろみが出てきたら，火を止める。

(5) 製品・比較：たれをかけて2種類のだんごを試食し，食感の違いを確認する。

[参　考]

　米粉：うるち米やもち米を製粉したもので，主にだんごや和菓子の原料に用いられる。米粉の種類は多く，うるち米かもち米，α化しているかで性質や用途が異なる。

　上新粉：うるち米を洗米し水切り後，水分約18 %にして製粉，篩別し乾燥したもの。

　白玉粉：精白もち米を一晩水浸後，水切りし，水をかけながら石臼で摩砕し，篩別した乳液を圧搾機で脱水し生粉にしたものを乾燥させたもの。

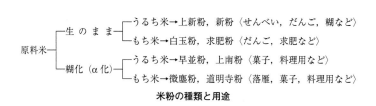

米粉の種類と用途

[学習のポイント]

1．上新粉と白玉粉の原料，調理特性の違いを知る。
2．米粉の種類を学ぶ。

米粉のケーキ

11 菓子類

　米粉のケーキは，米粉に砂糖，卵，バター，膨化剤などを混合し，型に入れて焼き上げたものである。米粉は古くから和菓子には多様な形で使われているが，近年洋菓子やパンなどへの利用が積極的に試みられている。製菓用米粉は従来の上新粉よりさらに粒子が細かくつくられている。固まりにくくダマにならないので扱いやすい。米粉は小麦粉に比べて，アミノ酸スコアが高い，油の吸収率が低い，血糖値を上げにくいなどの特徴もある。アレルギー対応で米粉やその製品を利用する場合は，グルテンを配合していないかを確かめる必要がある。

[原材料]　（パウンド型1個分）◆◆◆

　上新粉または製菓用米粉160 g，砂糖90 g，卵2個，食塩不使用バター40 g，りんご1個，ベーキングパウダー3 g，シナモン適宜

[器　具]　◆◆◆

　ボウル，ふるい，ゴムべら，パウンド型，クッキングシート，オーブン

[操作手順]　◆◆◆

(1)　りんごの準備：りんごを洗って8つ切りにし，芯と皮を除いて厚さ3 mm位のいちょう切りにする。褐変防止のため食塩水に浸漬する。

(2)　混合：ボウルでバターと砂糖をなめらかになるまでよく混ぜる。次に溶きほぐした卵を少しずつ加えて混ぜる。

(3)　混合：上新粉とベーキングパウダーをふるい，(2)のボウルに加えてよく混ぜる。米粉はグルテンを形成しないため粘性を生じない。よく混ぜることでしっとりした生地になり，混ぜ方が足りないと製品が崩れやすい。シナモンは好みで加える。

(4)　混合：りんごの水分を切って(3)のボウルに加え，崩さないように混ぜる。

(5)　型入・焼成：パウンド型にクッキングシートを敷いて生地を入れ，180 ℃のオーブンで約45〜50分焼き上げる。カップケーキにすると焼き時間が短縮できる。

(6)　冷却：型から取り出して冷めてから切り分ける。

[参　考]　◆◆◆

　ベーキングパウダー（BP）：炭酸水素ナトリウム（重曹）と酸および緩衝剤としてでんぷんが配合され，水分と加熱により化学反応を起こし二酸化炭素（炭酸ガス）を発生する。このガスによって気泡ができて生地が膨化する。酸性剤は反応生成物の中和やガス発生促進のはたらきもある。膨化率には生地の捏ね方，加熱までの時間，加熱時間などが影響する。水分があると反応するので，保存には低温乾燥状態を保つ。

[学習のポイント]　◆◆◆

1．米粉の性質を知り，小麦粉との違いを理解する。

2．米粉の資源としての新しい利用法やアレルギー対応での利用などを考える。

11 菓子類 　　ビスケット

小麦粉に糖類，油脂，卵，膨化剤などを加えた生地を成型し焼き上げる。原料の配合および副材料により種類は多く，糖分や油脂の少ないハードタイプと糖分や油脂の多いソフトタイプに大別される。ビスケット，クッキー，サブレなど呼び方の違いに厳密な区別はない。

[原材料] （出来上がり約 400 g） ◆◆◆

薄力粉 200 g，砂糖 100 g，卵 70 g，バター 40 g，ベーキングパウダー 4 g，香料

[器 具] ◆◆◆

ボウル，ふるい，泡立て器，ゴムべら，めん棒，抜き型，ラップ，オーブン

[操作手順] ◆◆◆

(1) 粉の混合：小麦粉とベーキングパウダーを合わせてふるっておく。

(2) 混合：バターを柔らかく練って砂糖を加えクリーム状になるまでよく混ぜる。

(3) 混合：(2)に溶きほぐした卵を少しずつ加えてよく混ぜ乳化させる。

(4) 混合：(3)に(1)の粉を合わせる。小麦粉のグルテンは捏ねるほど強くなり製品は硬くなるため，小麦粉は最後に加えてさっくりと混ぜる。

(5) ねかせ：生地が柔らかければ，ラップにはさんで平たくのばし 30 分位冷蔵庫で休ませる。

(6) 成型：生地を約 5 mm の厚さに均一にのばし，型抜きする。大きさ，厚さにむらがあると焼きむらになるので注意する。

(7) 焼成：天板に間隔を開けて並べ，170 ～ 180 ℃のオーブンで 20 ～ 25 分焼く。

(8) 放冷：網または紙の上に移して冷ます。

[参 考] ◆◆◆

ビスケットの語源は「二度焼いたパン」で，パンを薄く切りもう一度焼いて水分を少なくし保存性を高めたものを，旅行者などの食糧とした。今日では嗜好品として多様なものを楽しむ一方，栄養素を強化した栄養補助食品，乳幼児向けや治療食用の特別用途食品，非常時のための携帯食，備蓄食糧としても利用される。

[学習のポイント] ◆◆◆

1．小麦たんぱく質の加工特性と副材料の役割を理解する。

2．焼菓子の製造中に起こる成分の変化，焼き色や香味の生成などを理解する。

参考文献

小林彰夫・村田忠彦編『菓子の事典』朝倉書店，2000

かりんとう

11 菓子類

　小麦粉に卵，水，ベーキングパウダーを加えた生地を油で揚げ，糖蜜をからめた菓子である。小麦粉は薄力粉，強力粉どちらも使われ，膨化にはイーストを用いて発酵させる製法もある。

［原材料］

　小麦粉 200 g，ベーキングパウダー 6 g，砂糖 20 g，水 50 mL，卵 1 個，糖蜜（黒砂糖 200 g，水 50 mL），揚げ油

［器　具］

　ボウル，ふるい，めん棒，包丁，まな板，揚げ鍋，揚げ網，バット

［操作手順］

⑴　混合・混捏：小麦粉とベーキングパウダーは合わせてふるう。ボウルに粉，卵，砂糖，水を入れて混ぜ合わせ，しっとりとなめらかな生地になるまでよく捏ねる。

⑵　圧延・切断：めん棒で厚さ 5 mm に均一にのばし縦 5 cm，幅 5 mm の棒状に切る。

⑶　揚げる：低温（160 ℃）から揚げはじめ，徐々に 180 ℃まで 5 分位時間をかけて濃いめのキツネ色になってポキッと折れるくらいまで硬く揚げ，油を切る。焦がすと風味を損なうので注意する。

⑷　蜜掛：生地を揚げ終わるタイミングに合わせて蜜をつくる。鍋に黒砂糖と水を合わせて加熱し泡立ってきたら火を止め，揚げた生地を蜜の中に入れころがすようにして蜜が鍋の底に残らなくなるまでからめる。蜜は白砂糖にして刻んだピーナッツなどを混ぜてもよい。

⑸　乾燥：バットに広げて乾燥する。

［参　考］

　日本と大陸との交流は聖徳太子の時代に始まり，かりんとうは遣隋使，遣唐使によって伝えられた唐菓子の中にあった油菓子が起源であると考えられている。当初は上流階級のものであったが，江戸時代には小麦粉を捏ね，棒状にして油で揚げた現在のかりんとうの原型と思われるものが見られ，明治時代には庶民の菓子として全国に広まっていった。

［学習のポイント］

1．かりんとうの由来や種類を知る。

2．砂糖の種類を知り，黒砂糖の特徴を知る。

参考文献

小林彰夫・村田忠彦編『菓子の事典』朝倉書店，2000

146 第2部 実習

おからの加工品

11 菓子類

おからは，豆腐の製造工程の副産物であり，呉汁をろ過した残りの絞り粕（熱水不溶性部分）である。植物のウツギの白い花にみたてて卯の花，または「切る必要がない」の意からきらずともいわれる。固形分の約50％は食物繊維である。ここでは，おからを使ったクッキー，ドーナッツ，シフォンケーキの製造を行う。

① おからクッキー

[原材料] ◆◆◆

おから150 g，薄力粉50 g，ベーキングパウダー 小さじ1，砂糖80 g，バター80 g，卵25 g（1／2個），黒ごま大さじ1弱，紅茶葉（アールグレイ）大さじ1弱

[器 具] ◆◆◆

ボウル，泡立て器，ゴムべら，フライパン（テフロン加工等），オーブン

[操作手順] ◆◆◆

(1) 煎る：おからをフライパンで油を引かずに，さらさらになるまで煎る。

(2) 混合：バターを室温もしくは湯煎で加熱し，柔らかくする。これに砂糖を少しずつ加えてクリーム状になるまで泡立て器で練る。さらに卵を加えながら混ぜ込み，ふわっとさせる。

(3) 混合：薄力粉とベーキングパウダーを混ぜてふるい，(2)に加え混ぜる。(1)の煎ったおからから150 g計り取り，これに加えてさっくり混ぜる。

(4) 混合：(3)の生地を2等分して黒ごまと紅茶葉をそれぞれ加え，さっくり混ぜる。

(5) 寝かせ：生地をラップで包み，丸い棒状に成形して，冷蔵庫で約30分ねかせる。

(6) 成形：生地がかたくなったら，3〜4 mmの厚さに切る。

(7) 焼成：クッキングペーパーを敷いた天板にクッキーを並べ，160 ℃のオーブンで25分間焼く。小麦粉のみのクッキー生地と違い，水分が多いため，できるだけ薄く切り，時間も長めにしっかり焼く必要がある。

② おからドーナッツ

[原材料] ◆◆◆

おから130 g，強力粉150 g，三温糖70 g，バター40 g，卵(M) 1個，ベーキングパウダー 小さじ1，揚げ油 適量

[器具] ◆◆◆

ボウル，泡立て器，ゴムべら，型ぬき，天ぷら鍋

[操作手順] ◆◆◆

(1) 混合：バターをクリーム状になるまでよく練り，砂糖を分けて加えクリーム状に

攪拌する。卵を3回に分けて加え，あわせてふるった強力粉とベーキングパウダー，おからを加えて均一に混ぜ，生地をひとまとめにする（生地が硬いようなら牛乳または豆乳を加える）。

⑵　成形：1.5 cm位の厚さに生地をのばし，ドーナツ型で抜く（約10個分）。

⑶　フライ：約180℃の油に生地を投入して揚げ，きつね色に色づいたら取り出して油を切る。

③　おからシフォンケーキ

[原材料] ◆◆◆

薄力粉150 g，おから4.5 g（薄力粉の3％），ベーキングパウダー小さじ1 / 2，砂糖60 g×2，卵5個，サラダ油1 / 3カップ，水1 / 3カップ，生クリーム1パック

[器　具] ◆◆◆

ボウル，泡立て器，ゴムべら，20 cmシフォン型

[操作手順] ◆◆◆

⑴　分割：ボウルに卵を割り，卵黄，卵白に分ける。

⑵　攪拌・混合：大きなボウルに卵黄を入れ砂糖60 gを加え，泡立て器で白っぽくなるまで攪拌する。これにサラダ油，水を加え，混合する。

⑶　混合：⑵に薄力粉，ベーキングパウダー，おからを加え，泡立て器でよく混ぜる。

⑷　攪拌・混合：他のボウルに卵白，砂糖60 gを少しずつ入れ，角が立つまで泡立てる。出来上がったメレンゲに⑶を入れ，ゴムべらでよく混ぜる。

⑸　焼成：型に生地を流し，3回くらいトントンたたいて空気を抜き，180℃のオーブンで40分焼く。

⑹　冷却：ボトルなどに逆さに置いて，1時間冷やした後，型から抜く。

⑺　盛付：生クリームの盛り付けをする。対照として，おからなしケーキも同様に試作し，比較する。

[参　考] ◆◆◆

おからは保水性，分散性に優れており，小麦粉加工品に入れることにより，しっとりとした食感の食品ができる。また，おからは原料のだいずたんぱく質，イソフラボンなどを含み，食物繊維も多くGI値抑制効果があり，多くの機能性をもっている。

[学習のポイント] ◆◆◆

1．その他のおからの利用法について調べる。

2．おからの保水性や食物繊維など機能について考える。

3．小麦粉加工品はおからと小麦粉の配合を考える。

148　第2部　実習

11 菓子類　チーズ入り菓子

　チーズケーキは，オーブンできつね色になるまで焼いた温製のベイクドチーズケーキ，ベイクドチーズケーキの材料を生クリームから牛乳に変え，湯煎焼きにしたスフレチーズケーキ，火を通さずクリームチーズなどに生クリームを混ぜ合わせたものを冷やし固めた冷製のレアチーズケーキに大別される。

❶ ベイクドチーズケーキ

[原材料]　（18 cm ケーキ型1個分）◆◆◆

　カッテージチーズまたはクリームチーズ200 g，砂糖45 g×2，卵黄3個分，生クリーム 100 mL，薄力粉35 g，レモン汁15 mL(大さじ1)，卵白3個分，サラダオイル適量
　＊カッテージチーズを牛乳1 Lからつくった場合は，出来上がりの全量を用いるとよい。

[器　具]　◆◆◆

　ボウル，粉ふるい，ストレーナー，ハンドミキサー，オーブン，ゴムべら

[操作手順]　◆◆◆

⑴　混合：手作りのカッテージチーズを用いる場合は余分な水分をさらしやキッチンペーパーで絞る。その後ストレーナーでかたまりをこし，ゴムべらで滑らかなクリーム状にする。チーズ200 gに砂糖45 gを数回に分けてすり混ぜる。次いで卵黄も少しずつ入れて混ぜる。均一になったら生クリームを入れてよく混ぜる。さらにふるった薄力粉，レモン汁を入れて軽く混ぜ合わせる（A）。

⑵　泡立：別のボウルに卵白を入れ，ハンドミキサーで泡立てる（8分立て）。砂糖45 gを2～3回に分けて加えて，角が立つまで泡立てる（B）。

⑶　混合：AにBの気泡を消さないようにさっくりと混ぜ，サラダオイルを塗ったケーキ型に入れる。

⑷　焼成：170～180℃のオーブンで40～50分間焼く。表面に焼き色がつきはじめたら，アルミホイルで軽く表面に蓋をする。竹ぐしでさし，生地がついてこなければ焼き上がりである。

❷ 簡単カップチーズケーキ

[原材料]　◆◆◆

　カッテージチーズ100 g（第3部実験「カゼインの実験」で製造），砂糖 大さじ3，生クリーム 大さじ2，卵1個，薄力粉65 g，レモン汁大さじ1/2

[器　具]　◆◆◆

　ボウル，ゴムべら，泡立て器，オーブン

11 菓子類 **149**

[操作手順] ◆◆◆

(1) 混合：カッテージチーズに砂糖半分を少しずつ加え，なめらかになるまで混ぜる。

(2) 混合：なめらかになったら生クリーム，卵黄を加えよく混ぜ，レモン汁を加える。

(3) 混合：ふるった薄力粉を加え，さっくりと混ぜる。

(4) 混合：卵白に少しずつ残りの砂糖を加えて泡立て，(3)を混ぜる。

(5) 焼成：アルミ型に生地を入れ，170℃のオーブンで30分焼く。

[参 考] ◆◆◆

　カッテージチーズはポソポソともろい食感が特徴であるが，滑らかなクリーム状にすることで，焼いた時の口当たりが良好になる。好みでレモン汁を多くいれると酸味のあるさわやかなケーキになる。また，冷蔵庫で冷やすと生地がしっとりとなめらかになり，味も落ち着いて美味しくなる。

ナチュラルチーズの種類

種類	銘柄／原産地	微生物，熟成期間	特　徴
超硬質	パルメザン／イタリア	細菌，2～3年	削って粉チーズとして利用
硬質	エメンタール／スイス	細菌，5～8週間	酸味が少ない，乳酸菌，プロピオン菌で熟成，ガス孔あり
	チェダー／イギリス	細菌，6か月	白～黄色で酸味がある，プロセスチーズの主原料
	エダム／オランダ	細菌，3～6か月	赤いワックスで覆われている，クセのない風味
半硬質	ゴーダ／オランダ	細菌，3～6か月	木の実の香りをもつまろやかな風味
	ロックホール／フランス	細菌，カビ，2～6か月	羊乳を原料とした青カビチーズ，刺激臭，濃厚な味
軽質	カマンベール／フランス	細菌，表面カビ，3週間	白カビに覆われている，中はクリーム状
	モッツアレラ／イタリア	熟成なし	ピザによく使用するチーズ，淡白な風味
	クリーム／イギリス	熟成なし	クリーム添加した乳から製造，脂肪が多く濃厚な味
	カッテージ／アメリカ	熟成なし	脱脂乳からつくられる低脂肪チーズ，淡白な風味

[学習のポイント] ◆◆◆

1．ベイクドチーズケーキのつくり方を学ぶ。

2．卵白の泡立てについて学ぶ。

3．チーズの種類，特徴，製造法を学ぶ。

150 第2部 実 習

11 菓子類 ## 砂糖の菓子

　ショ糖を加熱すると色の変化（褐変）が起きるほか，加熱時とそれを冷ましたときの物性の変化，匂いや味の変化などさまざまなものがある。これらの変化は料理や菓子製造にとって重要な要因となる。今回はショ糖の加熱物性変化について考えるため，菓子製造を行う。

❶ 落花糖

［原材料］◆◆◆

　ピーナッツ 300 g，上白糖 105 g（ピーナッツの 35 %），水 60 g

［器　具］◆◆◆

　鍋，木じゃくし

［操作手順］◆◆◆

⑴　加熱：砂糖，水を鍋に入れ，温度計を入れて 120 ℃まで加熱する。この時，かき混ぜないようにする。かき混ぜると焦げるので注意する。

⑵　攪拌：120 ℃になったら，ただちに鍋を下ろし，ピーナッツを一度に入れて，木じゃくしで鍋の底から手早く全体に混ぜる。砂糖が完全に結晶になり，ピーナッツが一粒ずつバラバラになるまで混ぜる。

⑶　冷却・乾燥：蒸気を飛ばし冷却後，乾燥させる。

❷ ポップコーンおこし

［原材料］◆◆◆

　上白糖 160 g，酢 20 mL，バター 20 g，水 50 g，ポップコーン 1 袋（60 g）

［器　具］◆◆◆

　鍋，木じゃくし

［操作手順］◆◆◆

⑴　加熱：上白糖，酢，バター，水を鍋に入れ，温度計を入れて 140 〜 160 ℃まで加熱する。この時，かき混ぜない。かき混ぜると焦げるので注意する。

⑵　攪拌：140 〜 160 ℃になったら，ただちに鍋を下ろし，ポップコーンを一度に入れて，木じゃくしで砂糖溶液を全体に薄くのばすように，鍋の底の方からよく混ぜる。温度が下がらないうちに手早く混合する。

⑶　冷却・成形：ボウルに移し，やけどをしないように球状に丸める。

［参　考］◆◆◆

● ショ糖の加熱による変化

　ショ糖は果糖とブドウ糖が一分子ずつ β−1，2 結合したものであり，熱や酸によっ

てこの結合が切れ，構成糖に分かれる（転化糖）。ショ糖液を酸性側にすると，ブドウ糖と果糖に加水分解（転化）される。この加水分解はpHと温度に影響し，pH 7の場合，分解率は70℃で0.0014％，100℃で0.02％，120℃で2.0％と非常に低いが，pH 5になると70℃で0.14％，100℃で2％，120℃で10％以上と，100倍程度分解率が高くなる。さらにpH 4になると70℃で1.2％，100℃で10％以上になる。このようにpHが低く，温度が高くなるほど加水分解が進む。ショ糖には還元末端がないが，転化糖には還元末端があるなど違いがあり，転化糖を構成しているブドウ糖と果糖もアルドースとケトースという構造上の違いがあり，それぞれ加熱分解のされ方が違っている。そのため，ショ糖の加熱変化は転化糖を含め，複雑な現象となる。

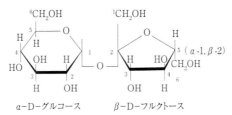

ショ糖の構造

ショ糖の温度による物性変化

温度	ショ糖液の状態	調理
100—	泡立ち 細かい泡 / さらりと溶ける	103 シラップ
105—	大きい泡 / ふわりと溶ける	105
110—	泡が多くなる / すぐ溶ける	107 フォンダン
115—	鍋一面 / 軟らかい玉	115 砂糖衣　115 キャラメル
120—	粘り 出始める / 硬い玉	120　121
130—	強くなる / 丸く固まる	125 カルメ焼き
140—	水中であめの状態 ややもろい / 糸を引く	140　140 タフィー
150—	かすかに / もろい　糸	抜（銀絲）145 ドロップ
160—	やや色ずく 薄い色 / 長い糸	絲（金絲）155 あめかけ
170—	着色 薄い黄色 濃い黄色 / 丸く固まる	160
180—	薄い褐色 / 丸くならない 水に溶ける	165 カラメルソース　165 べっこうあめ
190—	褐色	180
200—	濃い褐色	190 カラメル

[学習のポイント]
1．ショ糖の加熱による変化について観察する。

11 菓子類　　　　　　ピーナッツタフィー

　タフィーは砂糖と水あめを主原料とし，高温（130 ～ 140 ℃）まで煮詰めて固めた
キャンディーのひとつである。ピーナッツタフィーはあめ状の生地にピーナッツを加
えて固めたものである。重層を添加することで炭酸ガスが発生し，生地に気泡が抱き
込まれるため製品に脆さを付与する。

［原材料］◆◆◆

　砂糖 100 g，水 35 g，水あめ 50 g，ピーナッツ（渋皮付き焙焼品）70 g，食塩 0.1 g，
重曹 0.2 g，サラダ油少量（離型用）

［器　具］◆◆◆

　ホーロー鍋，木じゃくし，温度計（200 ℃），ステンレス枠または流し缶等，クッ
キングシート

［操作手順］◆◆◆

(1)　渋皮除去・破砕：ピーナッツは渋皮を除去し，包丁で粗くきざむ。

(2)　溶解：砂糖と水をホーロー鍋に入れて加熱溶解し，水あめを加え溶解する。

(3)　煮詰：糖液を加熱し 130 ℃まで煮詰める。激しく撹拌すると結晶化するので注意
　　する。焦げるようなら火加減をして撹拌は控えめにする。

(4)　混合：糖液が 130 ℃に達したら，ピーナッツを加え混合する。

(5)　煮詰：さらに加熱し，140 ℃まで煮詰める。ピーナッツが焦げやすいので撹拌し
　　ながら行う。

(6)　混合：鍋を火から下ろし，食塩と重曹を加えて(泡が発生する)手早く混合する。

(7)　成型：クッキングシートの上にあらかじめサラダ油を塗布しておいたステンレス
　　枠を置き，キャンディー生地を鍋に残さないように手早く木じゃくしでかき出して
　　移し，上面を平らにならす。

(8)　切断：50 ～ 40 ℃（手が触れられる程度）まで冷却した後，生地をまな板上に移
　　して包丁で一口大の適当な大きさに切断する。冷却し過ぎると切断の衝撃で割れや
　　すい。製品は吸湿してくっつきやすいので一つずつパラフィン紙などで包装すると
　　よい。

［参　考］◆◆◆

　ピーナッツ（落花生）は栄養価が高く，抗酸化作用のあるビタミン E やコレステ
ロールを下げる効果のあるオレイン酸やリノール酸が多い。整腸作用のあるオリゴ糖
や血糖値の上昇を抑える食物繊維も豊富で，機能性に富んだ食品である。

［学習のポイント］◆◆◆

1．砂糖の加熱による状態の変化を知る。

2．キャンディーにはどのような種類があるか調べる。

キャラメル

11 菓子類

キャラメルは砂糖，水あめ，練乳，油脂，でんぷんなどを混合融解したものを118〜125℃まで煮詰め，冷却，成型したものをいう。

[原材料]

生クリーム（動物性のもの）250 mL，グラニュー糖 200 g，はちみつ 60 g，無塩バター 20 g，水 60 mL，サラダ油 適量

[器　具]

鍋，浅型バット

[操作手順]

⑴　混合・加熱：ホーロー鍋に生クリーム，グラニュー糖，はちみつ，水を入れ，中火で加熱しながら静かにかき混ぜる。鍋の内側が焦げ付かないように木べらで混ぜ，ふきこぼれないように火力を調節しながら，120℃まで加熱する。火を止めて，無塩バターを加える。

⑵　冷却：火を止めてから 5 分後に，サラダ油を塗るかクッキングシートを敷いた浅型バットに流し込み，室温で冷やす。

⑶　成形：バットの底を素手で触れるぐらいの熱さになったら，バットから生地を出す。金べらか包丁で一口大に切る。

[参　考]

油脂の配合割合によってハードタイプとソフトタイプに分けられる。材料を加熱していくうちに，アミノ・カルボニル反応が起こり，褐色になり，加熱の温度が高くなるほど硬くなる。

[学習のポイント]

1．砂糖の加熱温度と状態を学ぶ。

2．褐変について学ぶ。

参考文献

吉田勉編『新食品加工学』医歯薬出版，1999

154 第2部 実 習

11 菓子類　　グミキャンディー

　グミキャンディーは，砂糖，水あめを煮詰め，ゼラチン溶液，フレーバー等を添加して固めたゼリー菓子である。「グミ」とはドイツ語でゴムという意味で，プリプリとした噛みごたえのある食感から名付けられたといわれている。その弾力のある物性から，あごの力を強くし，歯や歯茎を丈夫にするなど咀嚼機能の発達をもたらす食品として注目されている。

[原材料]（キャラメル大約30個分）◆◆◆

　A：ゼラチン20 g，水30 mL

　B：グラニュー糖100 g，水あめ100 g，片栗粉5 g，水40 mL

　C：クエン酸2 g，水5 mL，香料・色素 適量

　サラダ油，コーンスターチ 適量

[器　具] ◆◆◆

　鍋，温度計，型（小型の製氷皿など），ボウル，はかり

[操作手順] ◆◆◆

⑴　ゼラチン液の準備：材料Aの水にゼラチンを加えてふやかし，60 ℃の湯煎で溶解させておく。

⑵　シロップの準備：材料Bを鍋に入れ，加熱溶解する。117 ℃まで加熱したら火から下ろす。

⑶　材料Cの準備：材料Cを60 ℃の湯煎で溶解させておく。

⑷　混合：⑵の温度が90 ℃まで下がったら材料A・Cを加えてすばやく混合する。

⑸　サラダ油を薄くぬった型に⑷を流し込む。冷蔵庫内で一晩放置し，型から取り出す。コーンスターチをまぶすとくっつきにくい。

[参　考] ◆◆◆

● ゼラチンについて

　ゼラチンは，動物の骨，皮，腱などの結合組織に広く分布する線維たんぱく質のコラーゲンを加熱・抽出したものである。ゼラチン溶液は，加熱すると液体（ゾル）に，冷却すると個体（ゲル）に変化する。ゼラチンは50～60 ℃で溶解し，ゲル化は18～20 ℃で始まるが，10 ℃以下の冷却で安定なゲルが得られる。過度の加熱や低 pH 条件下ではゼラチンのたんぱく質が変性し，凝固しにくくなる。

● 食品ハイドロコロイドについて

　直径10～1,000 nm の粒子が水を分散媒として分散している状態をハイドロコロイドという。ゼラチン，寒天，でんぷん，アルギン酸，ペクチン，コンニャクマンナン，卵，大豆たんぱく質，魚肉たんぱく質など，食品に利用されているハイドロコロイドは多い。これらの多糖類やたんぱく質は，食品のテクスチャーをはじめ，乳化性，

分散性，保形性，凍結耐性などを調節・制御する食品ハイドロコロイドとして利用されている。

[学習のポイント]

1．シロップ調製時の砂糖の変化を観察する。

2．シロップ調製，ゼラチン溶解，混合時の温度を確認する。

参考文献

生活環境教育研究会編『ぷるぷるかたまるふしぎ（絵本おもしろふしぎ食べもの加工）』農山漁村文化協会，2003

西成勝好・矢野俊正編『食品ハイドロコロイドの科学』朝倉書店，1990

11 菓子類　　　　きな粉あめ

　菓子は保存性により生菓子，半生菓子，干菓子に分けられるが，あめは干菓子に分類される。一般に水分が10％以下であり，製造方法は主要原材料の砂糖と水あめを煮詰めて，必要な味付け，香味付け成分を添加，冷却したものを成形する。砂糖の種類と水あめとの比率，煮詰め温度，味，香り成分により，異なるあめがつくられる。

［原材料］◆◆◆

　きな粉160 g，黒砂糖100 g，水30 mL（大さじ2），はちみつ160 g，仕上げ用のきな粉・抹茶 各適量

［器　具］◆◆◆

　バット，鍋，木べら，金べら

［操作手順］◆◆◆

⑴　下準備：バットに材料のきな粉のうち20 gをまんべんなくふるっておく。

⑵　煮詰：鍋に黒砂糖と水を入れて中火にかけ，黒砂糖が溶けて沸騰したら，はちみつを加える。ひと煮立ち後に弱火にする。残りのきな粉140 gを一度に加え，木べらで手早く混ぜあわせる。きな粉が溶け，全体の色が茶色から黒に変わったら，⑴のバットに取り出す。

⑶　成形・放冷：直径1.5〜2 cmの丸い棒状か1辺1.5〜2 cmの三角の棒状に手で形を整える。熱いのでやけどに注意する。約15分放置して熱を冷ます。

⑷　切断：金べらで一口大の筒状に切るか面が三角になるように均等に切り分ける。

⑸　仕上：きな粉と抹茶をそれぞれバットに広げ，切り分けたきな粉あめを半分ずつ入れ，手で形を整えながらまぶす。

［参　考］◆◆◆

　あめの種類はハード系キャンディとソフト系キャンディに分けられ，ハード系は砂糖と水あめが主原料で，黒糖あめ，べっこうあめなどがある。ソフト系は砂糖，水あめにさらし粉，きな粉，粒あんなどを練りこんだものがある。練乳，バターを練りこんだキャラメルもソフト系キャンディに分類される。本実習で煮詰め温度が低いとあめではないきな粉菓子になる。

［学習のポイント］◆◆◆

1．煮詰めの温度により，出来上がりの硬さが異なる。
2．砂糖の加熱変化について学ぶ。

参考文献

長尾慶子・香西みどり編著『調理科学実験』建帛社，2009

11 菓子類　利休まんじゅう（黒糖まんじゅう）

千利休が好んだことから名付けられたともいわれ，黒砂糖の色をいかした蒸しまんじゅうである。黒砂糖が奄美大島の特産品であることから大島まんじゅうとも呼ばれる。あんの包み終わりの合わせ目部分は火の通りがよくなるように生地を薄く包む。

[原材料] ❖❖❖

黒砂糖 30 g，上白糖 40 g，水 15 mL，重曹 小さじ 1/2（水 小さじ 1），薄力粉 80 g，こしあん 300 g，手粉（薄力粉）

[器　具] ❖❖❖

鍋，蒸し器，クッキングシート，布巾

[操作手順] ❖❖❖

⑴　混合：黒砂糖をふるい，鍋に水，砂糖とともに入れて糖を溶かす。砂糖が溶ければよく，激しく撹拌しないようにする。

⑵　混捏：⑴が冷めたら水で溶いた重曹を加えて混ぜ，さらにふるった薄力粉を加えて耳たぶくらいのやわらかさになるようによく揉みこんで捏ねる。

⑶　成形：こしあんは 10 等分して丸める。生地は棒状にまとめ 10 等分に切り分ける。丸めたあんよりもひと回り大きくなるように，切り口を指でつぶすようにして真ん中を厚く外側が薄くなるように生地を丸く伸ばす。手粉は最小限とする。

⑷　包あん：あんを包んで合わせ目を閉じる。合わせ目の生地は薄くなるようにする。合わせ目を下にして，約 5 cm 角に切ったクッキングシートにのせる。

⑸　蒸し：蒸し器に布巾を敷き，蒸気が上がったら間隔をあけて並べ，強火で 12〜13 分蒸す。

[参　考] ❖❖❖

まんじゅうの種類は，生地に加える膨張剤により「じょうよまんじゅう」「薬まんじゅう」「酒まんじゅう」の 3 つに大別することができる。じょうよまんじゅうはやまいもを使用しているのが特徴で，他に上新粉，砂糖を混ぜて外側の生地をつくる。薬まんじゅうはくすりの意味で，重曹，イスパタ（炭酸水素ナトリウム，アンモニア塩など）の食品添加物を使って，生地を膨張させている。酒まんじゅうは酒粕などの酒たねや酵母を小麦粉に混ぜて，発酵生地を使用して製造したものをいう。

[学習のポイント] ❖❖❖

1．ドウおよびバッターの膨化の方法を知る。

158　第2部　実　習

12 アルコール飲料　梅酒

　果実に砂糖，アルコールを加えて混合して数カ月間保存し，果実の香味成分を浸出させたもので，使用する材料にはうめ，みかん，かりん，いちごなどがあり，果実の香味がいかされた一種のリキュールである。

[原材料] ◆◆◆

　青梅1kg，氷砂糖500〜1,000g，ホワイトリカー1.8L

[器　具] ◆◆◆

　広口のガラス製保存容器（4〜5L容量）

[操作手順] ◆◆◆

⑴　選果：青梅は，新鮮で傷のないしっかりしたものを選ぶ。傷があると濁りが出たり，エキス分以外の不純物が抽出され，香味が悪くなる。

⑵　水洗：青梅を水で洗い，水気を切った後に布巾で水気をふきとりカビを防ぐ。

⑶　漬込：熱湯消毒あるいはホワイトリカーで消毒したガラス製の広口ビンに青梅を入れ，次に氷砂糖とホワイトリカーを入れる。

⑷　熟成：アルコールが揮発しないように密封し，冷暗所に保存する。ときどき容器を軽く動かし，氷砂糖を溶かす。

⑸　梅の取出：2〜3カ月後に，梅を取り出す。2〜3カ月で飲むことができるが，1年程度経過したほうがまろやかで，美味である。

[参　考] ◆◆◆

　酒類は製造法から醸造酒，蒸留酒，混成酒に分けられる。酒税法上は発泡性酒類も加えた4分類に分けられ，アルコール分1度（体積%）以上の飲料が酒類と定義されている。梅酒は混成酒のリキュールになり，酒税法上，アルコール分1度以上の酒類の製造には許可が必要であるが，アルコール分20度以上のもので，かつ酒税が課税済み（たとえばホワイトリカー等）の酒類を用いて，消費者が自分で飲むために，酒類に青梅を混和する場合は例外的に製造行為としないとされている。ただし，原料に穀類（米・麦・あわ・とうもろこしなど）・ぶどう・やまぶどうを用い，みりんや20度以下の日本酒でつくることは禁止されている。

　アルコールは35度のホワイトリカー（連続式焼酎）を利用することが多いが，ウオッカ，ジン，ブランデー等も用いられる。アルコール度数が高いほうが，果実の成分の浸出を早めると同時に保存性も高めることができる。

[学習のポイント] ◆◆◆

1．酒類の分類について学ぶ。

2．氷砂糖を用いる理由を考える。

12 アルコール飲料　　ノンアルコールビール

ビールは，麦芽，ホップ，水を原料として酵母（*Saccharomyces cerevisiae*）で発酵させて製造する。ビール製造は，次の4つの工程，① 製麦，② 糖化，③ 発酵，④ ビン詰に分けられる。清酒製造とは異なり，糖化工程と発酵工程が明確に分離されている（単行複発酵）。糖化工程は，麦芽アミラーゼによりでんぷんを分解しグルコースをつくること，続く発酵工程では酵母によりグルコースからアルコールをつくることを目的として行われる。発酵により麦汁糖度の約半分がアルコールになる。これらの工程の中で特に①，② は高い技術を要するため，自家製ビールや一部のマイクロブルワリーでは，すでにモルトエキスとホップが入ったビールキットを使うことで，これらの工程を省いている。ここでは，アルコール度数を1% 未満にしたノンアルコールビールのつくり方を述べる。

$$(C_6H_{12}O_6)_n \xrightarrow[\text{アミラーゼ}]{\text{麦芽に含まれる}} C_6H_{12}O_6 \xrightarrow[\text{アルコール発酵}]{\text{酵母による}} 2\ C_2H_5OH + 2\ CO_2$$

でんぷん　　　　　　　　　　　　グルコース　　　　　　　　　　　エタノール＋二酸化炭素

［原材料］ ◆◆◆

市販のビールキット225 g（1/4缶），水（浄水器を通した水もしくはミネラルウォーター）5 L，ビール酵母1/4袋，砂糖（二次発酵用）3.0 g×本数

［器　具］ ◆◆◆

貯蔵用ポリ容器(あらかじめ5.0 Lの水を入れ，線を引いておく)，ビールビン(大)，サイホンセット，屈折糖度計，打栓器，王冠，消毒用エタノール

［操作手順］ ◆◆◆

(1) 麦汁：湯2 Lに1/4缶（225 g）を入れ，1時間煮込む。このときアクもできるだけ取り除く。

　＊この間にポリ容器等全ての器具をエタノール消毒する。ビンは洗浄後，口の部分にアルミホイルをし，乾熱滅菌する。

(2) 樽詰：ポリ容器に水（3 L）をあらかじめ入れておき，煮込んだ麦汁を移し，最終的に5 Lになるように水を加える。麦汁が熱くないことを確認してから，ビール醸造用酵母を1/4袋分加える。ラップをかぶせ，軽く蓋をする。

(3) 糖度測定：屈折糖度計により糖度を測定し，2%未満であることを確認する。

(4) 発酵：25 ℃で7日間発酵させる。

(5) ビン詰：炭酸ガス発生用の砂糖をビンに入れたあと，サイホンセットで発酵液をビンに移す。発酵液はビンの上部5 cm空間ができるように入れる（底部に沈殿している澱は入れないよう注意する）。

(6) 打栓：打栓器で王冠をしっかりと打栓する（王冠はアルコール殺菌する）。

160　第2部　実習

(7)　二次発酵：25℃，3日間二次発酵する。

(8)　熟成：冷蔵庫で熟成させる（時間があれば，1〜2カ月）。

[参　考]　◆◆◆

　ドイツでは，ビール純粋令により，大麦麦芽，ホップ，酵母，水以外の原料が含まれているものはビールとして販売することができない。しかし，他の諸外国では，小麦麦芽やさまざまな副原料（フルーツ，バーレーシロップ等）を用いることで個性のあるビール造りが行われている。また，原料だけでなく，大麦麦芽の焙煎法や発酵法によっても風味に違いが生じる。本書の方法では，ノンアルコールとはいえ，厳密には低濃度アルコール含有のビールが製造できる。近年の各ビール会社が開発したアルコールがまったく入っていない製品は，あくまでもビール風味の炭酸飲料水である。

●　重要：酒税法について

　欧米では販売しないかぎり自家醸造は認められているが，日本では1度以上のアルコールを含む飲料を個人がつくることを禁止されている。酒税法におけるビールの定義は，「麦芽，ホップ及び水を原料として発酵させたもの」それら以外に「政令で定める物品を原料として発酵させたもの」ただし，「麦芽重量に対し50％を超えないもの」になっている。認められていない副原料を利用したり，麦芽の使用比率を67％未満にすると，発泡酒として分類される。

[学習のポイント]　◆◆◆

1．ビールを発酵法により分類する。

2．熱処理ビールと非熱処理ビールの違いを知る。

　　参考文献

日本自家醸造推進連盟編著『手作りビールマニュアル』日本文芸社，1995

13　その他実習　　**161**

13 その他実習　　ふりかけ

　海産乾物や種実類の食材料を細く切り，食塩，しょうゆ，酒，みりん，砂糖，食酢などで調味しただけのものと，加熱して炒り煮し水分活性を下げ，保存性を高めたものがある。本実習では水分含量の高い食材料に調味し，炒り付けて水分を除いているが，残る水分量が多いため，冷蔵庫保存が必要である。

❶ さけのフレーク

［原材料］ ◆◆◆

　塩ざけの切り身200 g程度（3〜4切れ），にんじん60 g，乾しいたけ3個，しょうが10 g（1片），ねぎ40 g，卵1個，だし汁400 mL（しいたけのもどし汁），しょうゆ50 mL，砂糖20 g（大さじ2），みりん30 mL（大さじ2），酒45 mL（大さじ3），サラダ油30 mL（大さじ2）

［器　具］ ◆◆◆

　鍋，フライパン

［操作手順］ ◆◆◆

⑴　下準備：鍋に湯を沸かし，さけをゆでる。全体に火が通ったら，水につけて，完全に塩を抜く。皮と骨を取り除き，ざっとほぐす。

⑵　煮熟：にんじんとしょうがは皮をむき，もどした乾しいたけは軸を落として，すべてみじん切りにする。フライパンにサラダ油を熱し，にんじん，乾しいたけ，しょうがを強めの中火で炒める。しょうがの香りが出てきたら，さけをほぐしながら加えてさらに炒める。砂糖，みりん，酒，しょうゆを順に加える。だし汁を加えて強火にし，汁気がなくなるまで，ときどき混ぜながら煮る。ほとんど汁気がなくなって，ぽろぽろの状態になるまで炒る。

⑶　仕上：卵を割りほぐして全体に回しかけ，手早く混ぜる。卵を全体に混ぜ，そぼろ状になったら小口切りのねぎを入れる。冷蔵庫で 1 週間は保存が可能である。

❷ ひじきうめ

［原材料］ ◆◆◆

　ひじき（乾燥）15 g，小梅5〜6個，みりん30 mL（大さじ2），しょうゆ15 mL（大さじ1），だし汁30 mL（大さじ2：水，大さじ2と顆粒だし2 g）

［操作手順］ ◆◆◆

　もどしたひじきをだし汁と調味料で煮て，汁気がなくなったら，種を取って歯ごたえが残る程度に切った小梅を混ぜる。冷蔵庫で 1 週間は保存が可能である。

162　第2部　実　習

[参　考]　◆◆◆

　乾燥食品は細かく砕き，加熱して殺菌し保存性を高める。ふりかけは煮干し，削り節，するめ，落花生，ごま，こんぶ，きな粉，青のりなどの乾燥食品を材料にしてつくることができる。

[学習のポイント]　◆◆◆

1．焙乾，粉砕，調味により保存性を高めることを学ぶ。

参考文献

吉田企世子編『食品加工実習・実験書』医歯薬出版，1993

13 その他実習　163

13 その他実習　　　　燻製

　燻製は下処理，塩漬，乾燥，燻煙の操作を長時間かけて行うことにより，長期保存できるハム，ベーコン等をつくることが可能である。本書では長期保存はできないが，素材の味を生かし，燻煙の香りを味わうことができる燻製をつくる。

　塩漬けをすることにより，微生物の増殖を防ぎ，さらに乾燥することにより水分活性が低下する。また燻煙中のフェノール類，アルデヒド類，アルコール類は表面を防腐する作用があり，表面を煙の熱で乾燥するとともに貯蔵性を高めている。

❶ かんたん燻製

[原材料] ◈◈◈

　A：卵6個，砂糖30 g，食塩30 g，水600 mL

　B：ソーセージ（燻製していないもの）6本

　C：刺身用サーモン約300 g

　D：かまぼこ1枚

　E：プロセスチーズ（熱で溶けないもの）200 g

　F：水200 mL，砂糖20 g，食塩20 g，酒20 mL

[器　具] ◈◈◈

　チップ（サクラ，ナラ等）各5 g，中華鍋，金網，蓋，脱水シート

[操作手順] ◈◈◈

A：卵

⑴　ゆで：卵を水から入れ，沸騰してから10分ゆでてゆで卵をつくり，皮をむく。

⑵　煮熟：砂糖，塩，水でつくった調味液を煮立てた中にゆで卵を入れて5分煮る。

⑶　浸漬：火を止めて20分程度漬けて味をしみ込ませる。

⑷　乾燥・燻製：ゆで卵を取り出し表面を乾かす。弱火で10分燻製し10分保温する。

B：ソーセージ

⑴　燻製：ソーセージはそのまま10分燻製し，5分保温する。

C：サーモン

⑴　脱水：刺身用サーモンに軽くふり塩をし，脱水シートで包み，冷蔵庫に3～4時間入れて水分を除く（一晩冷蔵庫で脱水したほうがつくりやすい）。表面の水分をキッチンペーパーで取り除く。塩ざけ（甘塩）を用いてもよい。

⑵　塗布・燻製：Fの材料を煮立たせ，調味液をつくり，サーモンに薄くハケで塗る。15分燻製し，10分保温する。

D：かまぼこ

⑴　乾燥：かまぼこを5～10 mmの厚さに切り，表面を乾燥させる。

164　第2部　実　習

(2)　塗布・燻製：表面にFの調味液を薄くハケで塗り，10分燻製し，5分保温する。

E：プロセスチーズ

(1)　乾燥：プロセスチーズを1cmの厚さに切り，表面を乾燥させる。

(2)　塗布・燻製：表面にFの調味液を薄くハケで塗り，10分燻製し，5分保温する。

② 燻製

[原材料]　◆◆◆

　プロセスチーズ（他にちくわ，はんぺんなど練り製品，ボイルしたほたてやいか，ししゃもの干物，ゆで卵など），燻煙材（サクラ，クルミ，ナラ，クヌギなど）

[器　具]　◆◆◆

　燻煙機（操作の詳細は機種ごとの解説に従う），金網，受け皿

[操作手順]　◆◆◆

(1)　燻煙準備：燻煙材のチップを受け皿にのせて燻煙機の底に置き，加熱して煙を充満させる。

(2)　燻煙：金網の上にチーズを置き，100～200℃で30～40分燻煙する。途中でチーズが溶けないよう注意する。表面に水滴がついたらふきとる。

(3)　冷却：粗熱をとってから，1～2時間冷蔵すると味が落ち着く。時間の都合で省略してもよい。

　＊中華鍋などを使用する場合は，燻煙は約40分燻す。

[参　考]　◆◆◆

　かつては屋内に炉やかまどがあり，保存のためにつるしてあった魚や肉などが煙で燻されたのが燻煙の始まりであると考えられる。燻製は，乾燥した木材を燃焼させて生じる煙で食品を燻し，煙の成分でコーティングする。燻煙は保存法の1つであるが，今日では風味付けを目的とすることが多い。燻煙による褐変は主にアミノ・カルボニル反応によるものである。燻煙法は冷燻法，温燻法，熱燻法があり，製品の水分量，塩分量により保存性は異なる。

燻煙の種類

	温　度	時　間	水　分	保存性
冷燻法	15～30℃	1～3週間	40％以下	高い
温燻法	50～80℃	2～12時間	50％以上	低い
熱燻法	120～140℃	2～4時間	60％以上	低い

[学習のポイント]　◆◆◆

1．燻煙の原理，保存効果を理解する。

2．燻煙の種類と方法を知る。

3．熱燻法を用いた食品の風味を味わう。

第 3 部

実験その他

米の品質検査

❶ 搗精度の測定

[目 的] ◆◆◆

　搗精度は玄米からぬか層，胚芽の剥離程度をいう。搗精度の異なる米についてNMG試薬による着色を確認し，米の構造と成分の違いを知る。未知試料についての搗精度を判定する。皮部，胚芽（脂質が多い）は緑色，糊粉層（たんぱく質が多い）は青色，胚乳部（でんぷんが多い）は桃色に呈色する。本実験は農林水産省食料産業局（旧食糧庁）標準計測方法をもとに，米の品質検査の簡易法として行う。

[試 料] ◆◆◆

　玄米，五分つき米，七分つき米，胚芽米，酒米，精白米　未知試料：持参米など

[試 薬] ◆◆◆

　NMG試薬（ニューMG溶液：メチレンブルーとエオシンの混合溶液（搗精度判定試薬）とメタノールを1対3の体積比で混合したもの），メタノール，蒸留水

[器 具] ◆◆◆

　試験管，試験管立て，スポイト，ろ紙

[操作手順] ◆◆◆

(1) 試料約2g（試験管底から1cm程度）を試験管にとる。
(2) NMG試薬約2mL（試薬が浸る程度）を加え，試料が呈色するまで1～2分振とうする。
(3) 試料がこぼれないように注意しながら試験管を斜めにしてNMG試薬を捨て，少量のメタノールにて2～3回，試料を洗浄する。
(4) 試料をろ紙上に移し，呈色状態を観察する。

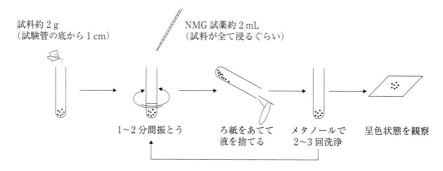

❷ もち米・うるち米の判定

[目 的] ◆◆◆

　もち米は乳白色，うるち米は半透明を呈しているので，外観で判断できるが，これ

は米のでんぷんの成分の違いである。もち米はアミロペクチンがほぼ100％に対し，うるち米はアミロース20〜30％，アミロペクチンが70〜80％である。ヨウ素でんぷん反応はでんぷんの成分の違いから，もち米は淡褐色，うるち米は紫黒色を呈する。もち米，うるち米のヨウ素でんぷん反応の違いを確認し，未知試料について調べる。また，試料の呈色より，もち米とうるち米の重量比，粒数比を求め，混入比を計算する。

[試　料]

　もち米，うるち米，未知試料：持参米など

[試　薬]

　ヨウ素溶液（ヨウ化カリウム2gを純水10mLに溶解し，メタノール90mLとヨウ素2gを加えて溶解したものを，純水で3倍に希釈したもの），蒸留水

[器　具]

　試験管，試験管立て，スポイト，ろ紙

[操作手順]

(1)　試料約2g（試験管底から1cm程度）を試験管にとる。
(2)　ヨウ素溶液約2mL（試薬が浸る程度）を加え，軽く振とうする。
(3)　2分程度静置し，試料が着色したら試料が流れ落ちないように注意しながら試験管を斜めにしてヨウ素溶液を捨て，少量の蒸留水にて2〜3回，試料を洗浄する。
(4)　試料をろ紙上に移し，呈色状態を観察する。

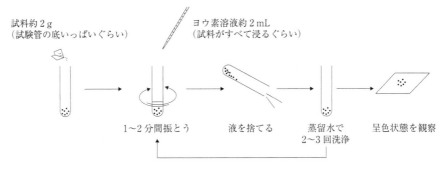

❸ 米の鮮度判定

《酸性度指示薬による方法（MB法）》

[目　的]

　精白米には1％程度の脂質が含まれているが，この脂質は時間の経過，湿度，温度によって分解して脂肪酸に変化していく。脂肪酸は酸性を示すので，古い米ほど脂肪酸が生成し酸性になる。新鮮な米はpH7前後を示し，鮮度が低下するとpHは6〜5前後にまで低下する。このpHの違いを利用して，MR・BTB混合試薬による新米，古米の判定を行う。また，未知試料について鮮度判定を行う。

[試　薬] ◆◆◆

　MR・BTB混合試薬（メチルレッド0.1g，ブロムチモールブルー0.3gをメタノール150mLに溶解し，水を加えて200mLとし，使用直前に水で5倍に希釈したもの）

[試　料] ◆◆◆

　精白米（新米），精白米（古米），未知試料：持参米など

[器　具] ◆◆◆

　試験管，試験管立て，スポイト

[操作手順] ◆◆◆

(1) 試料約2g（試験管底から1cm程度）を試験管にとる。
(2) MR・BTB混合試薬約2mLを加え，よく振り混ぜてから液の呈色を判定する。

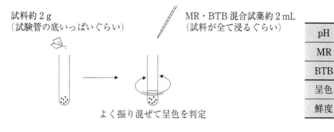

判定表

pH	pH 4	pH 5	pH 6	pH 7.5
MR	赤	橙	黄	黄
BTB			黄	青
呈色	赤	橙	黄	緑
鮮度	古米 ←		→	新米

《グアヤコール反応による方法》

[目　的] ◆◆◆

　米の品質低下は貯蔵期間および貯蔵温度による酸化還元酵素（特にペルオキシダーゼ）の活性低下が関係している。この酸化還元酵素（ペルオキシダーゼ）の活性の有無を調べることで，米の鮮度を判定できる。

[試　料] ◆◆◆

　玄米（新米），玄米（古米），未知試料：持参米など

[器　具] ◆◆◆

　試験管，試験管立て，スポイト

[操　作] ◆◆◆

(1) 試料約2g（試験管底から1cm程度）を試験管にとる。
(2) 1%グアヤコール液約2mLを加え振り混ぜる。
(3) 3%過酸化水素0.2mLを加え3分間放置し，米の着色度を観察する。
(4) 試料をろ紙の上に移し，観察する。

＊特に胚芽部分は酵素が存在しており，新米ほど赤く染色する（グアヤコール反応）

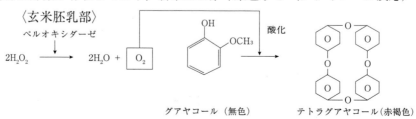

[参考]

　もみ米からもみを取ると玄米となり，玄米の構造は外側から果皮，種皮，胚乳に大別される。果皮，種皮をぬか層といい，脂肪成分が多く含まれる。玄米を100としたとき胚乳部は90〜92％であり，ぬか層は5〜6％で胚芽が2〜3％である。胚乳部を精白米（搗精度90〜92）とし，玄米を精白米にする操作を搗精または精白という。

　米の主成分であるでんぷんはヨウ素と複合体を形成し，アミロースは青色，アミロペクチンは赤紫色を呈色する。このヨウ素でんぷん反応を利用して，もち米，うるち米の判定をするとともに相互の混在が確認できる。

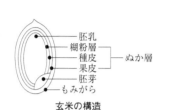
玄米の構造

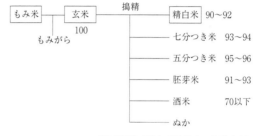
米の搗精（数字は搗精度，搗精歩留）

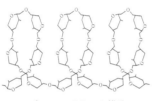
アミロースのらせん構造　　アミロペクチンの構造

　グルコース6分子でひと回転しているらせん構造は疎水性で，ヨウ素を取り込んで包接化合物をつくる。らせんが多いほど，赤から赤紫，青紫，青色になる。アミロースは長鎖であるため青色となり，アミロペクチンは枝構造が短鎖なため赤紫色となる。

　うるち米のでんぷんはアミロペクチン80〜20％，アミロースが20〜30％であり，もち米はアミロペクチンがほぼ100％である。両者に栄養学的な差はほとんどない。

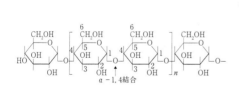
アミロースの構造　　アミロペクチンの構造

[学習のポイント]

1．搗精度による成分の違いについて理解する。
2．もち米・うるち米の特性について知る。
3．米の貯蔵時間の経過による変化について考える。

小麦粉の性質

① グルテン量の定量

[目　的]　◆◆◆

　小麦粉に 50 ～ 60 ％の水を加えて捏ねることにより，グリアジンとグルテニンが絡み合い，粘弾性のある網目構造のグルテンを形成する。グルテン形成は，水温 30 ～ 40 ℃ が適している。また食塩の添加はグリアジンの粘性を促し，グルテンの網目構造を緻密にして粘弾性を促し安定させる。適度の混捏をすることで生地はなめらかになるが，過剰の場合は網目構造がくずれる。混捏の後，ねかすことで網目構造が緩和されて，生地の伸展性がよくなる。

　種類の異なる小麦粉のグルテン量を測定し，それぞれの用途を考察する。

[試　料]　◆◆◆

　薄力粉 20 g×2，強力粉 20 g×2，食塩 0.1 g（小麦粉に対して 0.5 ％），水（各試料とも）11 mL

[器具・装置]　◆◆◆

　ボウル，ビーカー，オーブン，電子天秤

[操作手順]　◆◆◆

⑴　ボウルに薄力粉と食塩と水を入れて，まとめるようによく捏ねる。このとき，ボウルの壁面に付着したものをすべて，まとめて丸める。捏ね時間が 5 分と 20 分の生地（ドウ）をつくる。捏ねる強さや時間当たりの捏ね回数は均一になるように注意すること（薄力粉 5 分，薄力粉 20 分）。

⑵　強力粉も同様に行う（強力粉 5 分，強力粉 20 分）。

⑶　4 つの試料をそれぞれビーカーの 30 ～ 40 ℃ の水の中に 30 分間つける。

⑷　生地の中のでんぷんを除くために，30 ℃ の水を入れたボウルのなかで手のひらにのせて，指先でもむ。でんぷんの白い濁り水が出なくなるまで水を変えながら，この操作を繰り返す。

⑸　残ったかたまりは主に湿グルテンで，手のひらにのせて指先で転がして付着水を取り除く。

⑹　湿グルテンの重量を測る。この重量の 5 倍が小麦粉 100 g 中の湿麩量（湿グルテン量）であり，この約 3 分の 1 が乾麩量（乾燥グルテン量）である。

$$重量 \times 5 = 湿麩量（湿グルテン量）$$

⑺　重量を測ったグルテンを 2 等分して，丸めて 180 ～ 200 ℃ のオーブンで約 15 分焼く。膨化の様子を観察し，乾燥重量を測る。2 個の重量合計の 5 倍が小麦粉 100 g 中の乾麩量（乾燥グルテン量）になる。

＊菜種法またはガラスビーズ法により，2個の体積を測定し，グルテンの形成を比較するとよい。

薄力粉，強力粉の湿麩量（％）と乾麩量（％）

種類・混捏時間	湿麩量（％）	湿麩の状態	乾麩量（％）	乾麩の状態
薄力粉-5分				
薄力粉-20分				
強力粉-5分				
強力粉-20分				

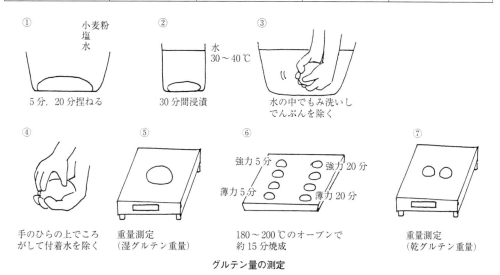

グルテン量の測定

2 小麦粉生地の粘弾性試験

[目　的]

　小麦粉の生地（ドウ）の性状が，小麦粉の種類，ねかせる時間，食塩の有無に影響されることを調べる。小麦粉の生地の物性特性は，ファリノグラフやエクステンソグラフなどの測定装置を用いて調べるが，今回は，手軽に測定できる方法として，直接，弾力性や伸展性を測定する方法で行う。

[試　薬]

　薄力粉 50 g×2，強力粉 50 g×2，食塩 2 g×2，水

[器　具]

　ボウル，布巾，はかり，定規（30 cm）

[操作手順]

(1)　各ボウルに薄力粉 50 g，強力粉 50 g を入れ，それぞれに水 25 g を加える。それぞれ 50 回ほど捏ねたあと 2 等分し，一方を固く絞ったぬれ布巾をかけて 20 分間，室温でねかせる。

(2) 捏ねた直後のものを2等分し，ほぼ正確に5cmの棒状に成形する．
(3) 弾力性の測定：1個の両端を引っ張って，ほぼ正確に10cmの長さまで伸ばしてから手を放し，縮みきった時点での長さを記録する．
(4) 伸展性の測定：残りの1個は両端を引っ張って切れるまで伸ばし，切れた瞬間の長さを記録する．
(5) 20分間ねかせたものを2等分し，先と同様に，ほぼ正確に5cmの棒状に成形する．以下，手順(3)，(4)を行い，弾力性と伸展性を測定する．
(6) 次の式より弾力性，伸展性の測定を計算する．

$$弾力性(\%) = \frac{(生地を伸ばした時の長さ(10\,cm) - 生地が縮んだ時の長さ)}{生地を伸ばした時の長さ(10\,cm)} \times 100$$

$$伸展性(\%) = \frac{切れた時の長さ}{もともとの生地の長さ(5\,cm)} \times 100$$

(7) 次に食塩の影響をみるため，各ボウルに薄力粉50gと食塩2g，強力粉50gと食塩2gを入れ，それぞれに水25gを加えて50回ほど捏ねたあと，先の手順(1)〜(6)の操作を同様に実施する．それぞれの弾力性(%)，伸展性(%)を計算する．

＊この方法による測定値は，手技により結果が大きく異なる場合が予想される．生地の捏ね方，捏ねた生地を棒状にしたものの直径，引っ張る速度など，できるだけ統一して実施する必要がある．

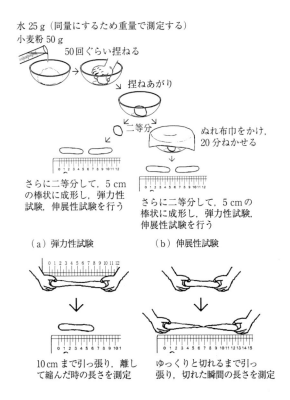

小麦粉の性質

[参　考]

　小麦粉の主成分はでんぷん70～75％，たんぱく質8～13％，脂質1～2％である。小麦粉はたんぱく質含量により強力粉，準強力粉，中力粉，薄力粉に分けられ，それぞれに応じた用途がある。小麦粉中のたんぱく質はグリアジンとグルテニンがほぼ同量含まれ，たんぱく質の80％を占める。

薄力粉，中力粉，強力粉，全粒粉の成分

種類	エネルギー kcal	kJ	水分	たんぱく質	脂質	炭水化物	(食物繊維)	灰分	カルシウム	リン	鉄	ナトリウム	カリウム	マグネシウム	亜鉛	銅	B₁	B₂	ナイアシン
			(……………………g……………………)	(……………………………………mg……………………………………)	(……………mg……………)
薄力粉	367	1,535	14.0	8.3	1.5	75.8	(2.5)	0.4	20	60	0.5	Tr	110	12	0.3	0.08	0.11	0.03	0.6
中力粉	367	1,537	14.0	9.0	1.6	75.1	(2.8)	0.4	17	64	0.5	1	100	18	0.5	0.11	0.10	0.03	0.6
強力粉	365	1,528	14.5	11.8	1.5	71.7	(2.7)	0.4	17	64	0.9	Tr	89	23	0.8	0.15	0.09	0.04	0.8
全粒粉	328	1,372	14.5	12.8	2.9	68.2	(11.2)	1.6	26	310	3.1	2	330	140	3.0	0.42	0.34	0.09	5.7

＊食物繊維は炭水化物の内数。
資料：日本食品標準成分表2015年版（七訂）より

小麦粉の種類・性質と主な用途

種類	粒子	グルテン 含量	グルテン 粘弾性	原料小麦の性質	おもな用途
強力粉	粗い	最も多い	強い	硬質・ガラス質	食パン，ハードロール
準強力粉	↓	多い	↑	硬質・中間質	パン，中華めん，焼麩
中力粉	↓	中ぐらい	↑	中間質	フランスパン，ひやむぎ，そうめん，うどん
薄力粉	細かい	少ない	弱い	軟質・粉状質	カステラ，クッキー，てんぷら
デュラム粉	非常に粗い	多い	弱い	硬質・ガラス質	マカロニ，スパゲッティ

ガラス質小麦：たんぱく質含有量が高く，断面が半透明の硬質小麦
粉状質小麦：たんぱく質含有量が低く，断面が白色不透明の軟質小麦

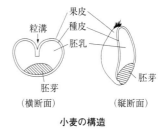

小麦の構造

[学習のポイント]

1．グルテンとは何かを理解する。
2．小麦粉の種類と用途を調べる。
3．グルテンを利用した食品の製造方法を調べる。

でんぷん粒の観察

[目　的] ◆◆◆

　でんぷんはアミロースとアミロペクチンから構成され，穀類，いも類などの細胞内で比重の大きい粒をつくっており，沈殿性が高いため，ほかの成分と容易に分離できる（この粒をでんぷん粒という）。起源となる植物によりでんぷん粒の形状や糊化の特性，粘性などが異なり，食品をはじめその他の産業でも広く利用されている。ここではでんぷんの分離を行い，光学顕微鏡を用いた観察法を取り上げる。片栗粉（ばれいしょでんぷん）やコーンスターチなどを用いても簡単に観察ができる。

[試　料] ◆◆◆

　じゃがいも，さつまいも，れんこんなど

[試　薬] ◆◆◆

　ヨウ素液（ヨウ素ヨウ化カリウム溶液：ヨウ化カリウム1gを加えた水250mLにヨウ素0.3gを溶解する）

[器　具] ◆◆◆

　包丁，まな板，おろし金，ビーカー，ガーゼ（またはさらし），光学顕微鏡（接眼ミクロメーター装着），スライドグラス，カバーグラス，対物ミクロメーター，ウォーターバス

[操作手順] ◆◆◆

⑴　でんぷんの分離：試料約100gをよく洗って皮をむき，おろし金ですりおろす。

⑵　四つ折りのガーゼや一重のさらしで包み，水を入れたビーカーの中ででんぷんを水中にもみ出す。布に残った繊維は捨て，ビーカーを静置してでんぷんを沈殿させる。上清を捨て，底に残ったでんぷんを一度水で洗い，再び静置してでんぷんを沈殿させる。上清を捨て，底に残ったでんぷんを検鏡に用いる。

⑶　生でんぷんの検鏡：⑵のでんぷん一滴をスライドグラスにのせてカバーグラスをかける。光学顕微鏡（100～400倍）ででんぷん粒の形態を観察するとともに，ミクロメーターで大きさを測定する。ヨウ素液をかければ，でんぷんが青紫色に変化するのを容易に確認できる。

⑷　加熱による糊化でんぷんの観察：でんぷんの1～2％懸濁液を撹拌しながら60℃，80℃，100℃（沸騰水）で30分加熱・糊化させる。これをスライドグラスに少量のせ，ヨウ素液で染色し，カバーグラスをかけて検鏡する。

ミクロメーターの扱い方

⑴　対物ミクロメーターは，小円形ガラス板に1mmを100等分したもので，最小目盛りは10μmである。対物ミクロメーターを顕微鏡（接眼ミクロメーター装着）のステージにのせ，目盛りにピントを合わせる。

(2) 接眼レンズを回し，対物ミクロメーターの目盛りと平行になるように合わせる。目盛りが重なる 2 点間のそれぞれの目盛りを読み取り，接眼ミクロメーターの 1 目盛りの長さを求める。下図の例では，7／5×10＝14（μm）となる。接眼レンズと対物レンズの倍率をいろいろに組み合わせたときの接眼ミクロメーター 1 目盛りの長さを求めておくとよい。

(3) 対物ミクロメーターを取り除き，測定したい検体のプレパラートをステージにのせ，試料の大きさが接眼ミクロメーターの何目盛り分に当たるかを調べ，実際の長さを計測する。

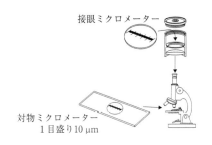
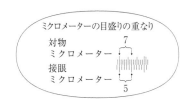

ミクロメーターの使用法

[参 考]

片栗粉（ばれいしょでんぷん）やコーンスターチ，米粉などを用いる場合は，1～2％程度の懸濁液を調製すれば観察できる。

各種でんぷんの特性を表にまとめた。でんぷんの種類によって加工適性に違いがあり，その特性をいかしてさまざまな加工食品などに利用されている。

各種でんぷんの主な特性

原料	こめ	こむぎ	とうもろこし	ばれいしょ	かんしょ	タピオカ
粒の形状	多角形	凸レンズ型	多角形，球形	卵形	小多角形，つりがね形	多角形，つりがね形
粒径（μm）	2～8	2～40	2～30	5～100	2～35	2～40
平均粒径（μm）	4	大粒：15～40 小粒：2～10	13～15	30～40	20	20
糊化開始温度（℃）	68	58	62	59	58	62

[学習のポイント]

1．生でんぷんの形状や大きさが起源となる植物により異なることを観察する。
2．生の材料から得られたでんぷん量を求める。
3．各温度におけるでんぷんの糊化の状態を観察する。

参考文献

不破英次・小巻利章・檜作進・貝沼圭二編『澱粉科学の事典』朝倉書店，2003
中村道徳・貝沼圭二編『澱粉科・関連糖質実験法』学会出版センター，1986

果物の品質評価

[目 的] ◆◆◆

　果物は，熟してから収穫するものと収穫してから追熟するものがある。果物は完熟したものがおいしく，その香味は新鮮度および品種の特徴を示す。品質評価の重要な項目は，味覚（甘味，酸味，うま味），香り，色沢，熟度，新鮮度などである。りんごを例にして，品質評価のそれぞれの項目をチェックする。

[試 料] ◆◆◆

　りんご（2品種）

[器 具] ◆◆◆

　ノギス，糖度屈折計，携帯型 pH メーターまたは pH 試験紙，おろし器，包丁

[操作手順] ◆◆◆

　それぞれのりんごについて，形態，直径，高さ，重さ，色沢，酸味，甘味，うま味，香り，新鮮度，果肉の質，糖度，pH，総酸量，糖酸比を測定し，総合的評価として，これらの結果を比較し，品種による違いを明確にする。

品質評価

項目		りんご（例）	1.品種名（産地：　　　）	2.品種名（産地：　　　）
外観	形態			
	直径	81.95 mm		
	高さ	82.90 mm		
	重さ	290.0 g		
	色沢	赤色でつや・光沢がある		
食味・品質	酸味	強い		
	甘味	甘い		
	うま味	濃厚		
	香り	さわやか		
	新鮮度	新鮮		
	果肉の質	しゃきしゃき		
化学的試験	糖度	13.8％		
	総酸量	0.4％		
	糖酸比	34.5		
	pH	3.3		
総合的評価	（特徴）	酸味が強いが甘い。少し黄色。		

果物の品質評価　**177**

[**参　考**] ◆◆◆

　糖酸比は糖と有機酸の含有量の比率（糖％ / 酸％）をいい，果物はこれが低いと酸味を強く感じ，高いと甘く感じる。糖度は糖度屈性計を用いて Brix％で求め，酸度は中和滴定により測定する。

中和滴定

試薬　0.1 M 水酸化ナトリウム溶液：水酸化ナトリウム 2 g（MW 40.00）を水 500 mLに溶かす。（0.05 M シュウ酸標準溶液 10 mL にてファクターを求める。シュウ酸約 6.3035 g（MW 126.07）計り，水に溶解しメスフラスコで 1 L とする。F'＝X（実測値）/ 6.3035（理論値）とする。0.1 M 水酸化ナトリウム溶液のファクターは F＝（0.005 M×2 価×F'×10 mL）/（0.1 M×1 価×滴定値 mL））

　　　1％ フェノールフタレイン指示薬：1 g をエタノール 100 mL に溶解する。

操作　皮を剥いたりんごをおろし器でおろす。50 mL メスシリンダーで 10 g 粗秤し，メスシリンダーのメモリで 50 mL まで温水を加え，有機酸を浸出させる。浸出液をガーゼでろ過し，そのろ液をホールピペットで 10 mL とり，フェノールフタレイン 2〜3 滴を入れ，0.1 M 水酸化ナトリウム溶液で滴定し，微紅色を終点とする。

　　　有機酸量（％）＝a×F×0.0067×50 / 10×100 / 10

＊a：0.1 M 水酸化ナトリウム溶液滴定値 mL　F：0.1 M 水酸化ナトリウム溶液のファクター，0.0067：0.1 M 水酸化ナトリウム 1 mL に相当するリンゴ酸量 0.0067 g

　りんごはバラ科リンゴ属で，9 月〜1 月頃に成熟し食べごろになる。CA 貯蔵など貯蔵技術の進歩により長期の保存が可能となった。りんごの見分け方は，全体の色が濃く，実が締まったもので重量感があり，たたくと澄んだ音がするものがよい。緑が残っているものは未熟とされている。柄の方を上とすると，下の方から呼吸してエチレンガス，水分を放出している。主な品種について以下の表に示す。

りんごの主な品種と特徴

ふじ	果実は 300 g 以上と大きめで，酸味が少なく甘みが強い。しっかりした肉質で果汁が多く，蜜も豊富である。
つがる	果実は 300〜350 g 程度で，果汁が豊富で甘みが強い。
王林	果実は 300 g 前後で，果実は特有の芳香をもつ。果肉は緻密で酸味は少なく甘みは強い。
ジョナゴールド	果実は 400 g 前後で大きく，ピンクがかった赤色である。甘酸っぱくさわやかなシャキシャキとした食感であり，表面に光沢がある。

[**学習のポイント**] ◆◆◆

1．品質評価の結果を表にまとめ，りんごの品種による特性を明らかにする。

2．品質評価から果物の糖分，有機酸，糖酸比，うま味成分，芳香成分，色素などの化学成分について学ぶ。

3．呼吸，追熟について学ぶ。

178　第3部　実験その他

りんごの酸化酵素による褐変

[目　的]◆◆◆

　りんごは切って空気にさらすと褐変する。この現象は，りんごに存在する酸化酵素（ポリフェノールオキシダーゼ）が酸素共存下でポリフェノール化合物を酸化，重合し，キノンなどの褐色色素を生じるために起こる。この褐変反応は，酵素，基質，酸素の3つの共存状態を阻止するか，酸化生成物を還元するか，酸化酵素を失活させることで阻害することができる。

　本実験では，この酵素的褐変反応に食塩，酢酸，アスコルビン酸などの影響を調べ，反応のメカニズムを考える。

$$\text{ポリフェノール} + \frac{1}{2}O_2 \xrightarrow[\text{[酸化]}]{\text{ポリフェノールオキシダーゼ}} \text{キノン} + H_2O \xrightarrow[\text{[重合]}]{} \text{褐色色素（メラニン）}$$

[試　料]◆◆◆

　りんご1/4個

[試　薬]◆◆◆

　0.2％食塩水，5％酢酸溶液，5％アスコルビン酸水溶液

[器　具]◆◆◆

　100 mL ビーカー，駒込ピペット，かくはん棒，薬さじ，おろし金，ノギス，はかり，糖度計，pH メーター

[操作手順]◆◆◆

⑴　100 mL ビーカーを5つ用意し，A〜E とラベルをつける。

⑵　ビーカー B〜E に，B：純水5 mL，C：0.2％食塩水5 mL，D：5％酢酸溶液5 mL，E：5％アスコルビン酸水溶液5 mL を，それぞれ入れる。ビーカー A には何も入れない（対照）。

⑶　りんごは皮と芯を除き，おろし金でおろし，すぐにビーカー A〜E に同量（小さじ2杯）ずつ加える。A を除き，かくはん棒で液体につかるようにかき混ぜる。おろしたりんごの果肉が褐変しないように，すばやく操作する。

　　＊おろした後，細胞組織が壊れて酵素と基質が空気中の酸素と接触し，すぐに褐変反応が始まるので注意する。

⑷　ただちに各ビーカーのりんごの褐変状態を観察して記録する。

⑸　10分後，30分後に各ビーカーのりんごの褐変状態を観察し，相互に比較して記録する。

[参 考]

● ポリフェノールオキシダーゼの反応に対する各添加物の影響を考える。

● 水に浸して空気中の酸素が触れないようにすると褐変が抑制される。

● ポリフェノールオキシダーゼはpHが低いと活性が低下し，pHが高いと促進する。

● 食塩水は酵素作用を阻害するので，褐変が防止され，その作用は持続する。

● アスコルビン酸を添加すると褐色化したものが脱色する。時間の経過により脱色機能が消失する。食塩と併用すると褐変が著しく防止され持続する。レモン汁などかんきつ類の果汁は酸，アスコルビン酸の影響により，褐変を遅らせ，風味を増すことになる。

[学習のポイント]

1．ポリフェノールオキシダーゼの性質を知る。

2．食品中の酵素的褐変について考える。

参考文献

村上俊男編著『基礎からの食品・栄養学実験』建帛社，2004

180 第3部 実験その他

缶詰の品質検査

[目 的] ◆◆◆

　缶詰に使用される大部分の金属缶は，オープントップ式二重巻締缶と呼ばれるもので，缶胴，缶蓋，缶底から構成されることからスリーピース缶ともいう。最近は，缶蓋がワンタッチで簡単に開放できるイージーオープン缶がよくみられる。

　缶詰の金属の素材はスチール（鉄）あるいはアルミニウムで，内容物と反応して，変色，異臭，人体に影響がないように表面にメッキをし，塗装を施している。近年，薄いクロムメッキを施した Tin Free Steal（TFS）を使用したティンフリースチール缶が普及している。

　缶詰の品質検査はいくつかあるが，今回はみかん缶詰を用いて，打検，真空度，二重巻締の確認のほか，表に従い項目をチェックする。

[試 料] ◆◆◆

　みかん缶詰

[器 具] ◆◆◆

　打検棒，真空計，マイクロメーター，糸鋸，ノギス，屈折糖度計，pH メーター，温度計，はかり

[操作手順] ◆◆◆

⑴ 打検：缶を数個並べ打検棒を用いて軽くたたき，音の変化で真空度，詰め過ぎ，不良缶を調べる。

表1　缶詰検査

検査項目	缶詰名
1．品名	
2．品名缶マーク	
3．社名	
4．社名缶マーク	
5．賞味期限	
6．真空度（cmHg）	
7．総重量（g）	
8．容器と固形量（g）	
9．容器重量（g）	
10．内容固形量（g）	
11．シラップ重量（g）	
12．内容総量（g）	
13．開缶時の状態	
14．シラップの pH	
15．シラップの糖度	
16．固形物の糖度	
17．個数および粒状態	
18．夾雑物	
19．缶の内面	
20．総合評価	

表2　缶詰の品質評価

評価項目	内容物
① 形　　態	
② 色　　沢	
③ 液　　汁	
④ 香　　味	
⑤ 酸　　味	
⑥ 甘　　味	
⑦ 缶　　匂	
⑧ 食　　感	
⑨ 総合評価	

5点法	
5…………良い	
4…………やや良い	
3…………普通	
2…………やや悪い	
1…………悪い	

(2) 真空度：缶蓋の上から真空計を垂直に刺し，ゲージの目盛りを読む。
(3) 二重巻締の確認：二重巻締を糸鋸で約2mmの薄さに切り，断面から確認する。
(4) 表1の検査項目に従い，缶詰検査を行う。
(5) 表2の評価項目に従い，内容物の品質評価を行う。評点法の5点法で評価する。

[参 考]

　缶詰を製造する工程で，脱気，密閉，殺菌は缶詰食品の保存性を高める重要な要因であり，不完全であると流通段階等で空気や微生物が入り，腐敗や品質低下の原因となる。脱気の目的は，金属缶内面の腐食防止，内容物の酸化，加熱や冷却時の缶のひずみ防止，殺菌中の熱伝導，賞味期限を長くするなどがあり，加熱脱気法，熱間充填脱気法，真空脱気法がある。密閉は二重巻締機が使われ，缶蓋のカール部分のシーリングコンパウンドを缶胴のフランジに合わせ，抱合圧着させ，密閉する。巻締機のシーミングヘッドは，リフター，チャック，巻締ロール（第一，第二）の3要素から成る。

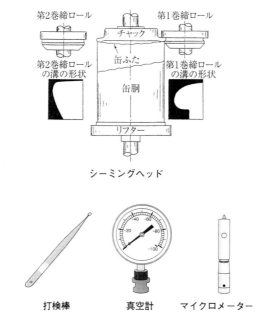

[学習のポイント]

1．缶詰検査，内容物の品質評価の結果を表にまとめる。
2．打検棒，真空計，マイクロメーターなどの特殊な機器の使い方を知る。
3．缶詰の特徴，二重巻締について知る。

甘味料の甘味度

[目 的] ◆◆◆

甘味料は，糖質系と非糖質系に分別される。糖質系甘味料は天然物に含まれる糖質，でんぷんを原料として製造される糖質，オリゴ糖，糖アルコールなどがあり，非糖質系甘味料は天然甘味料と人工甘味料に分類される。甘味料の甘味度の比較を行い，甘さの強さを確認する。

[試 料] ◆◆◆

スクロース（ショ糖），グルコース（ブドウ糖），フルクトース（果糖），ソルビトール，キシリトール，アスパルテーム

[器 具] ◆◆◆

薬包紙，スプーン，コップ

[操作手順] ◆◆◆

甘味度の比較は，まず水で口をゆすぎ，少量の検体を舌の上におき甘味度を調べ，再び水で口をゆすぐ。味，強さは感じたままの表現でよい。甘味度はスクロースを初めに調べ 100 とし，感じた数値を入れる。

甘味料の甘味度の比較

	スクロース（ショ糖）	グルコース（ブドウ糖）	フルクトース（果糖）	ソルビトール	キシリトール	アスパルテーム
味						
強さ	100					

[参 考] ◆◆◆

● 主要な甘味料を示す。

① **天然物に含まれる糖類**

グルコース（ブドウ糖）：でんぷんに酵素を作用させ，グルコースまで加水分解したもの。還元性を有し，加熱による着色が起こりやすい。α 型の結晶の甘味度はスクロースの 3 / 4，β 型は 1 / 2 である。

フルクトース（果糖）：果実やはちみつに多く含まれ，甘味度が強い。還元性を有し加熱による着色が起こりやすい。β 型の結晶の甘味度はスクロースの 1.8 倍，α 型は 0.6 倍である。保湿性を有し，ケーキ類の防乾燥剤に用いられる。

スクロース（ショ糖）：砂糖の主成分で，かんしょ糖，てんさい糖がある。グルコースとフルクトースからなる二糖類で，還元末端のない非還元糖である。変旋光を示さないので，甘味度は溶解温度や時間などの影響を受けず，一定である。

マルトース（麦芽糖）：麦芽の胚乳に含まれるでんぷんが酵素によって加水分解さ

れて生じる糖である。グルコースが2分子結合したもの。上品な甘味を呈し，甘味度はスクロースの0.5倍で水に溶けやすい性質を有する。

ラクトース（乳糖）：哺乳動物の乳汁のみに含まれ甘味度はスクロースの0.2倍である。グルコースとガラクトースが結合したもの。還元性を有する。

② **産業用に開発された糖**

異性化糖：グルコース溶液を酵素（グルコースイソメラーゼ）またはアルカリでグルコースの約半分を果糖に異性化したもので，液状で利用されるので，日本農林規格（JAS）では異性化液糖と称す。加熱による着色が起こりやすい。

③ **糖アルコール**

ソルビトール：天然ではりんごの蜜やプルーンなどの果実に多く含まれる糖アルコールで，グルコースを還元して得られる。甘味度はスクロースの0.6倍で保湿性と安定性に優れている。

キシリトール：キシロースを還元して得られ，歯垢細菌 *Streptococcus mutans* による不溶性グルカンの形成や乳酸の生成を抑制する甘味料で，ガムや歯磨き粉に利用される。溶解したとき，吸熱量が大きく冷涼感を示す。

マルチトール：マルトースに水素添加し，還元して得られたもので，糖アルコールのなかで最も砂糖に類似した甘味を呈す。甘味度はショ糖の0.8倍である。酸に対して安定で，加熱による着色も起こりにくい。非う蝕性である。

④ **配糖体**

グリチルリチン：マメ科のカンゾウに含まれるトリテルペン配糖体で，甘味度はスクロースの約250倍であるが，苦味を呈する。

ステビオシド：南アメリカ産のキク科のステビア *Stevia rebaudiana* の葉に含まれるジテルペン配糖体である。甘味度はスクロースの100〜250倍で低カロリーで，非う蝕性である。

⑤ **合成甘味料**

サッカリン：安息香酸スルファミドで，甘味度はショ糖の200〜500倍であり，無色，無臭の結晶で水に溶けにくい。甘味料は水溶性のサッカリンナトリウムで食品衛生法で使用基準が設けられている。

アスパルテーム：α−L−アスパルチル−L−フェニルアラニンメチルエステルで，甘味度はスクロースの200倍である。アミノ酸甘味料で甘味の質は比較的よい。粉体は安定であるが水溶液にすると不安定になる。

スクラロース：トリクロロガラクトスクロースで，スクロースの600倍の甘味をもち，低カロリーの甘味料である。サッカリンやステビアのような渋味，苦味はなく，砂糖に近い甘味で，飲料などに使われている。非う蝕性でマスキング効果などがある。

● 砂糖の種類と特徴を図に示す。

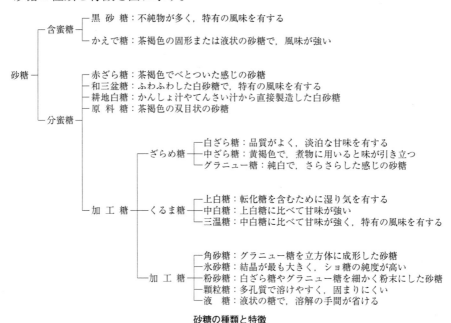

砂糖の種類と特徴

資料：有田政信編著『レクチャー食品学各論（第2版）』建帛社，1999

● 糖が酸化・還元あるいはアミノ化された糖の誘導体について図に示す。

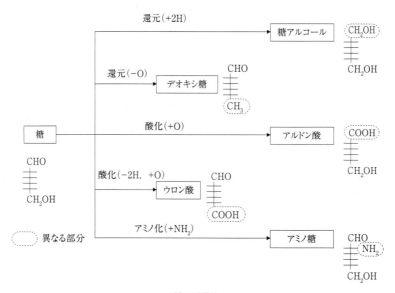

糖の誘導体

[学習のポイント]

1．甘味料の甘味度を知る。また，フルクトースとグルコース（α型，β型）の甘味度について学ぶ。
2．砂糖の性質について学ぶ。また，砂糖の種類について知る。

ミオグロビンの実験

[目 的]

　動物性色素は，畜肉，魚肉のミオグロビンや血液のヘモグロビンなど，ヘムとたんぱく質が結合したヘムたんぱく質である。ヘムは中心に鉄イオンが結合したポルフィリン環構造をもち，このヘムとたんぱく質のグロビンと結合したものをヘム色素とよぶ。肉の加工，調理の過程で加熱の影響により変色が起きるが，ヘム色素の加熱による変化および硝酸，亜硝酸，アスコルビン酸の影響について観察する。

[試 料]

　牛または豚のミンチ肉 25 g

[試 薬]

　下記表①〜⑦の試薬

試薬の調整

混合試薬	硝酸ナトリウム	亜硝酸ナトリウム	アスコルビン酸	蒸留水（メスアップ）
①	0.15 g	0.10 g	0.025 g	100 mL
②	0.20 g	—	—	100 mL
③	—	0.15 g	—	100 mL
④	—	—	0.05 g	100 mL
⑤	0.15 g	—	0.05 g	100 mL
⑥	—	0.10 g	0.025 g	100 mL
⑦	—	—	—	100 mL

[器 具]

　試験管，ガラス棒，三角フラスコ，駒込ピペット，500 mL ビーカー，100 mL メスフラスコ，セラミック付き金網，ガスバーナー

[操作手順]

⑴　番号を付けた試験管を 7 本用意する。

⑵　ミンチ肉（特に赤身の部分）を 2 g ずつ，それぞれの試験管に入れる。

⑶　混合試薬①〜⑦を，それぞれの番号の試験管に 2 〜 3 mL ずつ入れ（ミンチ肉が十分に浸る程度），ガラス棒でミンチ肉とよく混ぜる。

⑷　混ぜた直後と 10 分間室温で放置した後の肉色の変化を確認する。

⑸　水を入れたビーカーに試験管を入れ，ガスバーナーで加熱する。

⑹　沸騰後，10 分間加熱を続け，加熱前，加熱中，加熱後の肉色の変化を確認する。

[参 考]

● 加熱などによる色素ミオグロビンの変化

　ミオグロビンは，鉄イオンをもつポルフィリン骨格のヘム構造からなる。生肉は暗赤色のミオグロビンで，これが空気中の酸素と触れると鮮やかな赤色となる。これを

ブルーミングという。これは，ミオグロビンに酸素分子が結合して，オキシミオグロビンとなるためである。この時，鉄イオンは2価で存在する。酸素や酸化剤で鉄イオンが酸化されて3価のイオンとなり，褐色のメトミオグロビンとなる。このメトミオグロビンはアスコルビン酸などで容易にミオグロビンに還元される。また，オキシミオグロビンおよびメトミオグロビンは，加熱されることで，褐色のメトミオクロモーゲンへと変性される。

一方，食肉中に一酸化窒素（NO）が存在した場合，NOは2価の鉄イオンを有するミオグロビンに結合して，熱に安定な鮮やかな赤色色素であるニトロソミオグロビンを形成する。たんぱく質存在下で加熱が続いた場合，ニトロソミオグロビンのヘム構造が変性して，ニトロソミオクロモーゲンと呼ばれる赤色色素が形成される。この赤色色素は紫外線などの照射で退色する。

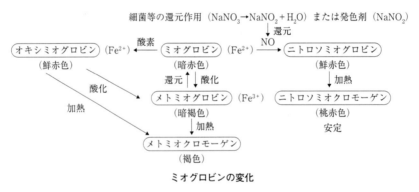

ミオグロビンの変化

● 発色剤：食肉を調理加工した際に赤く発色させるために，食品添加物として亜硝酸ナトリウム，硝酸カリウム，硝酸ナトリウムなどが用いられている。これらは，化学反応や酵素反応などにより還元されて一酸化窒素（NO）を発生し，ミオグロビンと結合してニトロソミオグロビンを形成する。還元剤であるアスコルビン酸は，発色補助剤として添加される場合が多い。また，亜硝酸イオンにはボツリヌス菌，サルモネラ菌，黄色ブドウ球菌などの腐敗菌の繁殖を抑制する効果がある。

[学習のポイント]

1．食肉のヘム色素について調べ，どのような構造をしているかを知る。
2．ミオグロビンの加熱による変化について学ぶ。
3．生肉を亜硝酸で塩析したときの肉色素の変化を知る。

pH によるクロロフィルの変化

[目 的]

植物の色素にはクロロフィルの緑色，カロテノイドの橙，赤色，フラボノイドの黄色，アントシアンの赤，紫，青色などがある。クロロフィルは酸性で加熱すると褐色のフェオフィチンになり，アルカリ性で加熱すると鮮緑色のクロロフィリンになる。また，クロロフィルのマグネシウムを銅や鉄で置換すると安定化する。

[試 料]

ほうれんそう（緑黄色野菜）

[試 薬]

0.1% 酢酸溶液，0.3% 炭酸水素ナトリウム溶液，蒸留水

[器 具]

20 mL 試験管，ガラス棒，三角フラスコ，駒込ピペット，500 mL ビーカー，pH メーターまたは pH 試験紙

[操作手順]

(1) ほうれんそう約 1 g を細かく刻んで 6 本の試験管（A, a, B, b, C, c）に等量ずつ入れる。A と a には水を，B と b には 0.1% 酢酸溶液を，C と c には 0.3% 炭酸水素ナトリウム溶液を，それぞれ 5 mL 加える（ほうれんそうが十分に浸る程度）。

(2) A，B，C を沸騰水中で 10 分間加熱し，ほうれんそうおよび溶液の色調をそれぞれ a，b，c と比較し，さらに A，B，C 間で比較する。

(3) 加熱後，試験管の溶液（A, a, B, b, C, c）の pH を確認する。

[参 考]

緑色色素であるクロロフィルは，中央に Mg^{2+} が結合したポルフィリン環をもち，これに疎水性のフィトールが結合しているため，脂溶性で水に溶解しない。植物には青緑色のクロロフィル a と黄緑色のクロロフィル b が 3：1 で含まれている。

植物のクロロフィルはたんぱく質と結合しているため安定であるが，加熱するとたんぱく質が変性して不安定となり，変色しやすくなる。酸性にすると Mg が取れてフェオフィチンとなり，褐変する。アルカリ性ではフィトールおよびメチル基が取れて水溶性のクロロフィリンとなる。植物組織が傷つくと，酵素クロロフィラーゼの作用によりフィトールが取れクロロフィリドになる。野菜を食塩水や重層水などのアルカリ性水溶液中で加熱すると鮮やかな緑色が残りやすい。

[学習のポイント]

1. クロロフィルの酸性およびアルカリ性で加熱したときの色の変化を学ぶ。

2. クロロフィルの構造を知る。

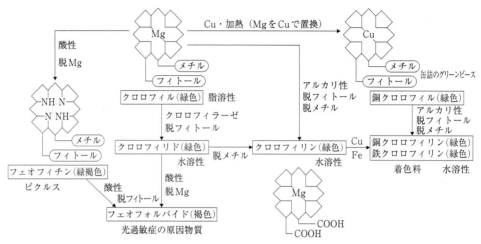

クロロフィルの構造

クロロフィルの変化

資料：種村安子ほか著『イラスト食品学総論』東京教学社，2001 より

アミノ酸パンケーキの実験

[目 的] ✦✦✦

　アミノ・カルボニル反応（メイラード反応）は，アミノ化合物とカルボニル化合物の間で生じる非酵素的褐変反応（化学的褐変反応）である。食品に含まれるアミノ化合物はたんぱく質，アミノ酸，アミン類であり，カルボニル化合物は主に還元糖，脂肪酸から生じる。この反応により，メラノイジン（褐変物質）ができ，さらに生成したアルデヒド類やピラジン類が加熱により香気成分となるストレッカー分解が起きる。本実験では，アミノ酸の種類により，褐変の違いや香り，味が異なることをホットケーキを調理することにより確認する。

[試 料] ✦✦✦

　薄力粉250 g，ベーキングパウダー10 g，グラニュー糖50 g，卵2個，水200 mL

[試 薬] ✦✦✦

　アミノ酸（アラニン，アルギニン，イソロイシン，グルタミン酸，バリン，ヒスチジン，フェニルアラニン，プロリンの8種）各0.2 g

[器 具] ✦✦✦

　ボウル（大）1個，ボウル（小）9個，菜箸，ゴムべら，フライパン，フライ返し

[操作手順] ✦✦✦

(1)　ボウル（大）に薄力粉とベーキングパウダーを混ぜて，1回ふるっておく。

(2)　グラニュー糖，卵，水を加え，菜箸でダマにならないように混ぜる。

(3)　生地を，記号をつけたボウル（小）に9等分し，それぞれのボウルに異なるアミノ酸を0.2 gずつ加え，よく混ぜ合わせる。対照として，9番目にアミノ酸を添加しない生地を作る。

(4)　フライパンに薄く油を敷いて熱し，(3)の生地をそれぞれ円形に流し，弱火で3分間くらい，表面に穴ができるまで加熱し裏返す。薄くこげ色がつくように，さらに5分間程度焼く。

　　＊同じフライパンで一度に焼く場合は，どの生地かわかるように注意すること。

　　＊繰り返し焼く場合は，フライパンの底の温度を一定にすること。焼き終わったら，一度ぬれ布巾の上にフライパンを置き，冷やしてから次のパンケーキを焼き，同じ条件にする。

(5)　焼く途中，香りの特徴を記録する。

(6)　9枚のすべてのパンケーキがそろったら，色の比較，味，香りを記録する。

[参 考] ✦✦✦

　アミノ・カルボニル反応はアミノ酸やたんぱく質などのアミノ基と，還元糖などのカルボニル基との間で起こる反応である。

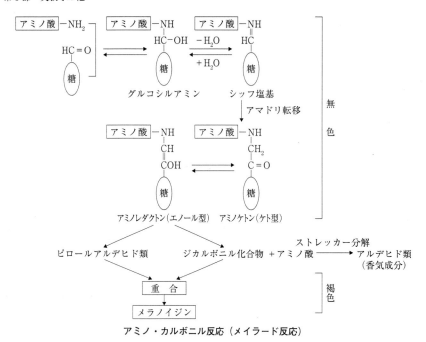

アミノ・カルボニル反応（メイラード反応）

アミノ酸とグルコースが加熱褐変した時の匂い

	180℃	100℃
グリシン	カラメルの匂い	
アラニン	カラメルの匂い	
バリン	刺激性の強いチョコレートの匂い	ライ麦パンの匂い
ロイシン	チーズを焼いた匂い	甘いチョコレートの匂い
イソロイシン	チーズを焼いた匂い	
フェニルアラニン	スミレの花の匂い	甘い花の匂い
チロシン	カラメルの匂い	
メチオニン	ジャガイモの匂い	ジャガイモの匂い
ヒスチジン	トウモロコシパンの匂い	
スレオニン	焦げくさい匂い	チョコレートの匂い
アスパラギン酸	カラメルの匂い	氷砂糖の匂い
グルタミン酸	バターボールの匂い	チョコレートの匂い
アルギニン	焦げた砂糖の匂い	ポップコーンの匂い
リシン	パンの匂い	
プロリン	パン屋の匂い	たんぱく質の焦げた匂い

資料：藤巻正生・倉田忠男「食品の加熱香気」『化学と生物』9（2），1971，p.90 より

アミノ・カルボニル反応に影響をおよぼす因子は，温度，湿度（水分），pH，酸素，金属イオンなどがある。

温度：化学反応のため，温度が高いほど反応は速く進む。

湿度（水分）：水分活性 Aw 0.65～0.85 の中間水分食品で褐変が生じやすい。

pH：酸性（pH 5 以下）では反応は遅く，pH 3 前後は最も反応が遅い。pH が高いほど反応は速くなる。リシン，アルギニンのような塩基性アミノ酸の反応性が高い。

酸素：酸素を除き，不活性ガスを充填すれば褐変が防げる。

金属イオン：ナトリウムイオンには触媒作用が認められないが，遷移元素である鉄，銅イオンなどは触媒としてはたらき，反応を促進する。

還元糖：五炭糖（ペントース）は六炭糖（ヘキソース）に比べ，反応しやすい。リボース＞キシロース＞ガラクトース＞マンノース＞グルコース＞還元性二糖類の順に反応性が高い。

◉　栄養価について

アミノ酸はアミノ・カルボニル反応により，α－アミノ基が反応し，栄養価が低下する。また，たんぱく質では末端の α－アミノ基のほか，リシンの ε－アミノ基（リシン残基）が反応性に富み，有効性アミノ酸を失い，栄養価の低下となる。

◉　アミノ・カルボニル反応の生成物の機能性

メラノイジンは消化・吸収されにくく，食物繊維に類似した機能性をもつ。また，メラノイジンは抗酸化作用が認められている。アスコルビン酸と同様に還元力を有し，2 級アミンと亜硝酸により生成されるニトロソアミンを抑制する効果がある。

［学習のポイント］ ❖❖❖

1．アミノ酸の種類とアミノ・カルボニル反応との関係について知る。

2．アミノ・カルボニル反応に影響をおよぼす因子について学ぶ。

3．ストレッカー分解についてのメカニズムを学ぶ。

192　第3部　実験その他

カゼインの実験

[目　的] ◆◆◆

　牛乳のたんぱく質は，主にカゼインと乳清たんぱく質に分けられる。チーズはカゼインを利用した加工食品で，カッテージチーズは牛乳に酸を加えるだけで手軽につくれる軟質のフレッシュチーズである。

　本実験では，カゼインの等電点沈殿により凝集してできるカッテージチーズを調製するとともに，牛乳と脱脂粉乳の性質を知る。

[試　料] ◆◆◆

　牛乳 400 g，脱脂粉乳 32 g，食酢 40 g × 2

[器　具] ◆◆◆

　500 mL ビーカー，鍋，ガーゼ（ネット），ボウル，pH メーター，温度計，菜箸

[操作手順] ◆◆◆

(1)　ビーカーに牛乳 400 g を入れ，泡立てないように菜箸で静かに混ぜながら約 50 ℃に湯煎する（A）。

(2)　脱脂粉乳 32 g に水 368 g を入れ全量 400 g とし，約 50 ℃ に湯煎する（B）。

(3)　A，B 各々に食酢 40 g を一度に加え，菜箸で全体を軽く混ぜ，pH を測定する。

(4)　湯煎約 50 ℃ を保ちながら 15 分静置する（A，B）。

(5)　カード（白い物）が完全に分離し，上部が透き通ってきたら，ガーゼ（ネット）でカードと乳清（ホエー）に分け，カードと乳清の重量を測定する（A，B）。

(6)　約 200 mL の水をボウルに張り，その中でガーゼ（ネット）で包んだカードを軽くもみ洗いして水気を絞り，カードをカッテージチーズとする。

(7)　乳清とカードの色，香り，味，食感を確認する（A，B）。結果を表にまとめる。

　　＊残りのカードはカッテージチーズとしてケーキをつくるので，すべて食べきらないこと。

[参　考] ◆◆◆

A：牛乳，B：脱脂粉乳の乳清とカードの比較

		重量 (g)	色	香り	味	食感	pH
A	乳清（ホエー）						
	カード（カッテージチーズ）						
B	乳清（ホエー）						
	カード（カッテージチーズ）						

● カゼインと乳清たんぱく質

　カゼインは牛乳に含まれるたんぱく質の約80%を占め，等電点であるpH 4.6にすると白色の沈殿を生じる。牛乳中のカゼインはカルシウムと結合してカゼインカルシウムとなり，リン酸カルシウムなどの塩類とさらに複合化合物を形成し，巨大分子の集合体（カゼインミセル）でコロイド状に分散している。カゼインはαs-（約50%），β-（32%），κ-（13%），γ-（5%）の4種からなる。κ-カゼインはカルシウムの凝固沈殿を阻止する作用をもつが，凝乳酵素（レンニン）や酸により変性しカゼインミセルから離れることで，カゼインミセルが不安定となりカルシウムイオンを介して凝集沈殿する。

　乳清たんぱく質は牛乳たんぱく質からカゼインを除いたものをいい，牛乳に含まれるたんぱく質の約20%を占める。β-ラクトグロブリンが約50%，α-ラクトアルブミンが約25%で，他は血清アルブミン，免疫グロブリン，プロテオースなどである。

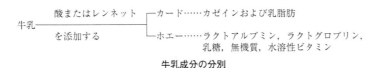

牛乳成分の分別

[学習のポイント]

1．カゼイン，乳清たんぱく質の特徴を知る。
2．牛乳と人乳の成分の違いを調べる。

194   第3部　実験その他

卵に関する実験

① 卵の新鮮度試験

[目　的] ❖❖❖

　食品の鮮度を判定する方法として，理化学的方法，物理的方法，細菌検査，官能検査などがある。ここでは主に物理的方法を用いて卵の鮮度の判定を行う。1999（平成11）年，鶏卵に賞味期限の表示が義務付けられた（食品衛生法施行規則改定）。卵に直接，賞味期限が印刷されているものも見かけるが，表示はパッケージや内封物の記載でもいいことから，卵の鮮度判定を実施し，確認する方法を学ぶ。

[試　料] ❖❖❖

　新鮮卵，古い卵（冷蔵半年，冷蔵1年），約6% 食塩水（食塩60 g，水940 mL）

[器　具] ❖❖❖

　ガラスボウル（大），pH 試験紙，ノギス，トレイ

[操作手順] ❖❖❖

(1)　透光検査：段ボールに直径3 cm の穴をあけて卵を入れ，電球を用いて卵に光をあて，内部をよく観察する。気室の深さは新鮮卵：約1.2 mm，冷蔵30日：約3.7 mm，特級規格：4 mm 未満である。

(2)　比重検査：ガラスボウルに約6% 食塩水1 L をつくり，新鮮卵，古い卵をそれぞれ食塩水に入れ，状態を観察し，表にまとめる。比重が1.08以上は新鮮卵，1.06以下は腐敗卵である。

　　＊食塩水の比重（15℃）は，6% で1.044，8% で1.059，10% で1.073である。

　　＊新鮮卵：横になって沈む，食用（普通）：幅の広い方を上にして沈む，古い卵：幅の広い方を上にして水中に浮く，腐敗卵：幅の広い方を上にして水面に浮く。

(3)　異状・鮮度観察：割卵して観察する。血液斑点，異物混入などを観察する。

(4)　卵黄係数：割卵して卵黄の直径（長径と短径の2カ所の平均値）と高さを測定する。①の式により，卵黄係数を算出する。新鮮卵は0.36〜0.44で，0.25以下は古い卵である。

　　　卵黄係数＝卵黄の高さ÷卵黄の直径（長径と短径の平均値）……　式①

(5)　卵白係数：割卵して濃厚卵白の直径（長径と短径の2カ所の平均値）と高さを測定する。②の式により，卵白係数を算出する。新鮮卵は0.14〜0.17で，古い卵は数値が小さくなる。

　　　卵白係数＝卵白の高さ÷卵白の直径（長径と短径の平均値）……　式②

(6)　卵白の pH 測定：卵白に pH 試験紙をつけ，pH を測定する。産卵直後は pH 7.5〜8.0であるが，時間とともに卵白中に含まれている炭酸ガスの放出に伴い，pH

は上昇する。濃厚卵白の透明度も増す。

＊卵に表示される賞味期限は生食できる期限であり，25℃以下保存（好ましくは10℃以下保存）で，産卵後21日以内である。他の鮮度指標として，卵重量（g）と卵白高（mm）から換算表などを用いて求められるハウ・ユニット（Haugh Units）などが用いられる。

＊ノギスは，通常，mmの小数点以下2桁まで判読可能である。バーニヤ目盛の"0"の位置の目盛を読む。例えば下図であれば，22 mmを少し超えたところとなり，22.○○ mmが確定する。この○○の部分を，バーニヤ目盛が本体の目盛のどれかと一致している部分の数字として読む。下図であれば，5と6の間の線が本体目盛と一致しているので，55が入り，図の場合，22.55 mmとなる。仮に，5の線が本体目盛と一致していれば×.50 mmである。

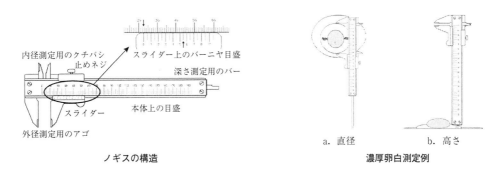

ノギスの構造　　　　　　　　　　　濃厚卵白測定例

❷ 卵の乳化性

[目 的]

卵黄は乳化性がある。卵白も乳化力をもつが，卵黄の1/4程度，全卵は1/2程度である。乳化とは水と油のように混じり合わないものが，乳化剤によって細かい粒子に分散することである。乳化剤は分子内に親水基と疎水基をもち，2液の間に吸着層をつくる。卵黄のリポたんぱく質やリン脂質（レシチン：ホスファチジルコリン）が乳化剤となり，卵白は主にたんぱく質が乳化剤となる。マヨネーズは酢と油を混ぜてつくるが，水（酢）の中に油滴が分散した水中油滴型O/Wのエマルションとなる。

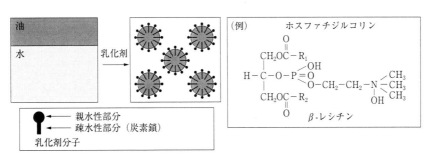

乳化剤による乳化（O/Wエマルションの場合）

[試　料]

全卵, 卵黄, 卵白（計卵2個）, 食酢15 mL×3, 食塩3 g×3, 植物油150 mL×3

[器　具]

ガラスボウル（大）, ミキサー

[操作手順]

(1) 卵を割り, 卵黄と卵白に分け, 各々ボウルに入れる。他に全卵をボウルに入れる。
(2) 卵黄, 卵白または全卵に食酢15 mL, 食塩3 gを加え, さらに油150 mLを少しずつ加えながら撹拌し, マヨネーズ状にする。
(3) 乳化, 起泡性の様子について3種の比較をする。

　＊油は1滴ずつ丁寧に, 少しずつ入れること, 卵は常温にしておくことである。油を一度に多く入れたり, 冷えた卵を使うと分離しやすいので注意する。

[参　考]

● 起泡性と乳化

　起泡性は卵白たんぱく質の表面張力によって変性したたんぱく質の分子によって形成される。特にオボトランスフェリンとグロブリンが関与している。新鮮卵のほうが濃厚卵白が多いため, 泡の安定性がよい。割卵時に卵白に卵黄が混入すると起泡性は低下する。また, 起泡性は乳化剤の特徴のひとつで, できた起泡の表面に乳化剤が吸着して分子膜をつくる。

● 卵の成分の比較

全卵, 卵黄, 卵白の成分比較

成　分	全卵（%）	卵黄（%）	卵白（%）
水　分	76.1	48.2	88.4
たんぱく質	12.3	16.5	10.5
脂　質	10.3	33.5	Tr
炭水化物	0.3	0.1	0.4
灰　分	1.0	1.7	0.7

資料：日本食品標準成分表2015年版（七訂）

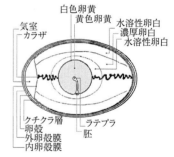

卵の構造

[学習のポイント]

1. 卵の鮮度試験をあげ, 説明する。
2. 卵黄と卵白の成分の違いを知る。
3. 乳化と気泡性について考察する。

魚肉練り製品のでんぷん含量

[目 的]

でんぷんは魚肉練り製品の弾力性の補強や増量に使われている。原料に2〜15％程度添加することにより，弾力性の強い魚肉練り製品ができる。また，でんぷんは魚肉から遊離した水分を吸水し，糊化とともに膨潤し増量効果がある。でんぷんは白色で味が淡白なため，魚肉練り製品の色や風味に影響が少なく，品質改良材として適している。ヨウ素でんぷん反応による色の変化から，でんぷん含量を確認する。

[試 料]

はんぺん，ちくわ，かまぼこ

[試 薬]

1/10 M ヨウ素液：ヨウ化カリウム 5 g，ヨウ素 2.54 g を加えて溶かし 200 mL に定容する。1/100 M ヨウ素液（1/10 M ヨウ素液 10 倍希釈），1/500 M ヨウ素液（50 倍希釈），1/1000 M ヨウ素液（100 倍希釈），1/2000 M ヨウ素液（200 倍希釈）。

[器 具]

100 mL のビーカー，ピンセット

[操作手順]

(1) 試料を 1 cm³ に切る。これを 4 個用意する。
(2) 100 mL ビーカー 4 個に各々 1/100 M，1/500 M，1/1000 M，1/2000 M ヨウ素液を 30 mL 入れ，1 cm³ に切った試料を 1 個ずつ浸るように入れて，5 分間おく。
(3) 5 分後にろ紙上にピンセットで試料を出し，反応を見る。
(4) 下記の表より，でんぷん含量を判定する。

判定基準

試薬・反応	でんぷん量
1/100 M ヨウ素液・青紫色	2.5 ％以下
1/500 M ヨウ素液・青紫色	2.5〜5.0 ％
1/1000 M ヨウ素液・青紫色	5.0〜10 ％
1/2000 M ヨウ素液・青紫色	10 ％以上

実験概要

[参 考]

魚肉練り製品に添加するでんぷんの種類や量により，かまぼこの物性は異なる。ヨウ素でんぷん反応により簡単にでんぷん含量を知ることができる。ヨウ素でんぷん反応はグルコース鎖長が短くなるに従い，青紫から赤紫，茶色，黄色と呈する。青紫濃度を確認し，ヨウ素濃度が低くても反応すればでんぷん含量が多いことになる。

[学習のポイント]

1．魚肉練り製品の品質について考え，でんぷんの役割について知る。
2．ヨウ素でんぷん反応について学習する。

食品の官能評価

[目 的]

　食品のもつ特性には，色，香り，味，食感などがある。このような品質特性を，人の五感（視覚，聴覚，嗅覚，味覚，触覚：体感感覚）を測定の手段あるいは測定の対象として用い，統計的手法で判断する方法を官能評価という。

　食品の官能評価の目的は，① 食品間の差の検出，② 食品の品質特性の描写および評価，③ 食品の特性の好みの分析，④ 品質改善のための実験計画などがある。① および ② は人を測定の手段とした分析型官能評価，③ および ④ は人を測定の対象とした嗜好型官能評価である。近年，食品開発における官能評価の役割は多様化しており，商品開発のフローと官能評価の役割のように消費者対象の評価および組織内評価者の評価により，分析型と嗜好型の官能評価を連動して実施することが多い。

　商品開発にあたっては，消費者のニーズを的確に把握し，ニーズに応える商品を試作し，最終的に製品化へと繋げていく。商品開発における官能評価の役割は各段階において多くの役割を担っている。ここでは代表的な官能評価の手法を述べる。

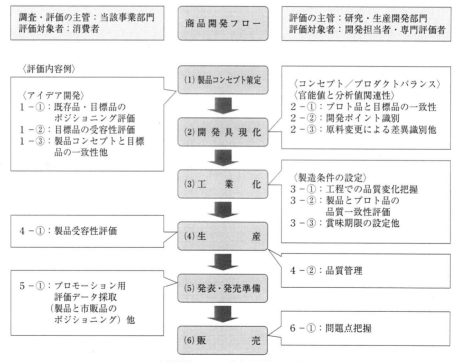

商品開発のフローと官能評価の役割

消費者対象の評価　：開発コンセプト設定と消費者需要性把握（1-①，1-②，1-③，4-①，5-①）
組織内評価者の評価：製品設計と製造条件の最適化（2-①，2-②，2-③，3-①，3-②，3-③，4-②，6-①）
資料：古川秀子編著，上田玲子共著『続おいしさを測る―食品開発と官能評価』幸書房，2002，p.6

① 2点比較法

　A,B2種類の試料を比較して,刺激の強度を区別させたり,好みの順位や優劣を判定させる方法である。この場合,どちらか一方を必ず選択しなければならない。2点識別試験法と2点嗜好試験法がある。

```
2点識別試験法⇒刺激の量的な違いを区別させる
  例:せんべいの固さはどちらが固いか,甘味の強い方のコーヒーはどちらか
```

```
2点嗜好試験法⇒好みの順位や優劣を判定させる
  例:どちらのせんべいが好ましいか,どちらのコーヒーがおいしいか(好ましい方のコーヒー)
```

＊符号は判断された方に向いている。

② 1:2点比較法

　A,B2種類の試料について,A,B間の差の識別やパネルの識別能力を見る場合に用いられる方法である。2点識別法と目的は同じであるが,A,Bの間にどういう性質があるかが不明な場合にも適応できる。

```
1:2点比較法⇒ 標準試料Aを提示し,その特徴を記憶させる⇒A,Bを提示する
         ⇒ どちらが標準試料Aであるか判断させる
```

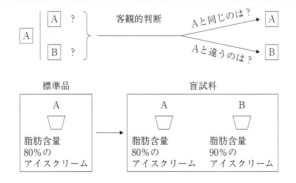

③ 3点比較法

　A,B2種類の試料について,2つは同じ試料(偶数試料),1つは違う試料(奇数

試料）の合計3つの試料を1組にして行い，A，B間の差の識別や嗜好を判定させる方法である。3点識別試験法と3点嗜好試験法がある。2点比較法と比べ，試料の差の性質が不明な場合にも適応できる。

3点識別試験法 ⇒ AAB，ABBのように組み合わせて提示し，
　　　　　　　　他の2つと違う試料を判定させる
　例：他の2つと違う固さのせんべい，他の2つと異なる塩辛さのせんべい

3点嗜好試験法 ⇒ 他の2つとどちらが好ましいかを判断させる。
　例：他の2つのせんべいの方が好ましい，違っている1つの方が好ましい

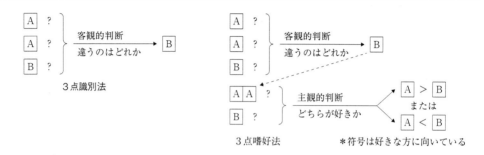

❹ 順位法

　A，B，C，・・・Kのk個の試料を同時に提示し，ある特定の大きさ，品質の好ましさなどによって順位をつけさせる方法で，通常は同順位を許さない場合が多い。

---
① 客観的に順位がついた試料をパネリストが識別できる能力をもつかどうかを検定。
　　　　　　スピアマンの順位相関係数 ⇒ 2組の順位の一致性を見る。
　　例：パネリストの濃度差識別能力を見る，イチゴジャムの糖度とおいしさの関係を見る
② 順位づけられた試料の差が有意と認められるかどうかを検定。
　　　　　　Newell & MacFarlaneの検定表を用いる検定 ⇒ 特定の2試料間の差を見る。
　　例：試料間の差を簡便に判定する
③ 客観的な順位がついていない試料に順位をつけたとき，その順位がパネルの一致した見方といえるかどうかを検定。
　　　　　　ケンドールの一致性の係数 ⇒ 3組以上の順位の一致性を見る。
　　例：パネルの判断の一致性を見る

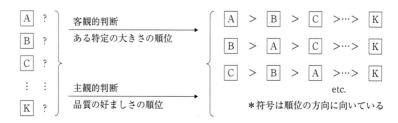

⑤ 評価法（採点法，尺度法）

　食品の特性や好ましさを評価する場合，その評価の程度は各人により一定していない。その程度を尺度という一定の基準を用いて評価を行う。尺度には評点，言葉，評点と言葉の併用，嗜好尺度，嗜好意欲尺度，顔尺度などを使い，段階も 5，7，9 段階などがある。

> * 判定は分散分析で行う。
> * 試料間の差を見る場合は一元配置，試料間とパネル間の差を見る場合は二元配置を用いる
> * 試料間に有意差が認められた場合は，どの試料間に差があるかを，多重比較のスチューデント化された範囲 q を求めて検定する。

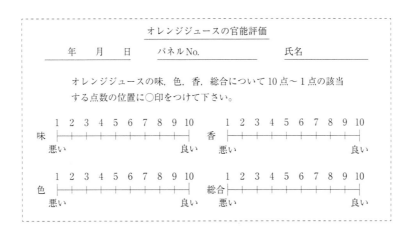

嗜好意欲尺度例

	Ⅰ	Ⅱ	Ⅲ
9	最も好きな食品に入る	いつでも食べたい	最高においしく食欲をそそる
8	いつも食べたい	とても頻繁に食べたい	特有のよい風味で食べたい
7	機会があればいつも食べたい	たびたび食べたい	手作りのようにおいしく食べたい
6	好きだからときどき食べたい	好きだからときどき食べたい	食べてみたい
5	ときには好きだと思うこともある	たまたま入手できれば食べてみる	ありきたりの味がする
4	たまたま手に入れば食べてみる	好きではないが場合によっては食べる	ややまずくて半分残しそうだ
3	ほかに何もないときに食べる	ほとんど食べる気にならない	もたついてステイルな味（古臭い）
2	もし強制されれば食べる	他になにも食べ物がないとき食べる	不快な味
1	おそらく食べる気にならない	もし強制されれば食べる	まずくて食べる気がしない

⑥ プロファイル法

　食品の特性を表現するプロファイル用語，カテゴリー数値，グラフなどの手段を使って定性的に描写する方法である。プロファイル回答結果について，円卓法により意見交換を行い，結論を出す。

採点の尺度例

5点法	両極7点評価法
5……良い 4……やや良い 3……ふつう 2……やや悪い 1……悪い	＋3……非常に良い ＋2……かなり良い ＋1……少し良い 　0……ふつう －1……少し悪い －2……かなり悪い －3……非常に悪い

嗜好尺度例

9　もっとも好き
8　かなり好き
7　少し好き
6　やや好き
5　好きでもきらいでもない
4　ややきらい
3　少しきらい
2　かなりきらい
1　もっともきらい

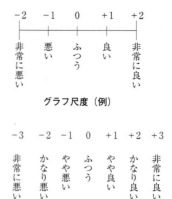

グラフ尺度（例）

評価尺度の例

伏木亨編著『食品と味』光林，2003，p.201

チーズの評価

　　年　月　日　　パネルNo.　　　　　氏名

アロマ	アンプリチュード	フレーバー	アンプリチュード
乳牛臭	＿＿＿＿	酸味	＿＿＿＿
飼料臭	＿＿＿＿	苦味	＿＿＿＿
発酵臭	＿＿＿＿	塩味	＿＿＿＿
果実臭	＿＿＿＿	辛味	＿＿＿＿
加熱臭	＿＿＿＿	甘味	＿＿＿＿
かび臭	＿＿＿＿	後味：	
脂肪分解臭	＿＿＿＿		
不潔臭	＿＿＿＿		
雑草臭	＿＿＿＿		
酵母臭	＿＿＿＿		
滅亡	＿＿＿＿		

プロファイル回答用紙（例）

手洗いの基本

[目 的]

　手洗いの目的は，手指に付着している汚れや有害な細菌を除去することである。食中毒などの健康危害を起こさないためには，食品を常に清潔に保存し，細菌などの汚染から防ぐ必要がある。食品取扱者は手指を使って多くの作業を行うため，手指を介して汚染された場所から清潔な場所へ病原微生物を伝播させる可能性がある。このことを十分理解し，衛生的な手洗いを常に心がけなければならない。

● 衛生的手洗いの方法

(1) 手洗いの前に時計や指輪などを外す。
(2) 流水で軽く手を洗う。
(3) 手洗い用石けん液をつけ，十分に泡立てる。
(4) 手の甲側から指を組み，こすり合わせる（5回程度）。
(5) 両手指の間を洗う（5回程度）。
(6) 親指をもう一方の手で握り，親指の付け根周囲をこする（両手，各5回程度）。
(7) 指先を立て，もう一方の手のひらでこする（両手，各5回程度）。
(8) 必要に応じ，爪ブラシを使って指先をブラッシングする。
(9) 手首またはひじより下を洗う（両方，各5回程度）。
(10) 流水で十分にすすぐ。
(11) 使い捨てのペーパータオルで水分をふき取る。
(12) 消毒用アルコールを噴霧し，手のひら，指の間，指先，親指の付け根，手首などを全体が乾くまでこする。手に水分が残っているとアルコールの効果がなくなるので，アルコール噴霧の前にしっかりと水気をふきとることが重要である。

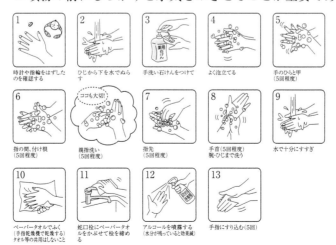

正しい手洗い

資料：社団法人日本食品衛生協会「食中毒予防のための手洗いマニュアル：正しい手洗い」

204   第3部　実験その他

● 手洗いのチェック

　手指の清浄度を検査するにはさまざまな方法があるが，ここでは蛍光剤入りローションを用いて，適切な手洗いができているかどうかを確認する。蛍光剤入りローションがブラックライト下で白く光ることを利用し，洗い残しを目に見える形で確認する。自分の手洗いの癖を知り，衛生的な手洗いへの意識を高めるのに有用である。

［器　具］◆◆◆

蛍光剤入りローション，ブラックライト付き箱

［方　法］◆◆◆

⑴　蛍光剤入りローションを両手にまんべんなくすり込む。

⑵　ブラックライト付き箱に両手を入れ，手指全体が白く光ることを確認する。

⑶　普段通りの手洗いを行い，ペーパータオルで水気をふき取り乾燥させる。アルコールなどによる殺菌は行わない。

⑷　再度ブラックライト付き箱に両手を入れ，洗い残した部分を確認する。

⑸　上記の正しい手洗い方法で，洗い残し（光る）部分がなくなるまで手洗いを行う。

［参　考］◆◆◆

　手洗い方法は目的に応じて以下のように分類される。

　日常手洗い：手に付着した汚れや手指の一過性細菌の一部を除去する。流水や石けんを使う簡易手洗いが主である。

　衛生的手洗い：手指の汚れと一過性細菌を完全に除去することを目的とする。殺菌（消毒）剤や殺菌効果をあわせもつ洗浄剤などを用いる。

　手術時手洗い：手術スタッフが手術前に消毒薬を使用して行う手洗いで，一過性細菌のすべておよび常在菌を可能な限り除去し，手術中の菌の増殖を抑制することを目的とする。

　手指に付着した食中毒を起こす病原微生物が食品や調理器具に移行するのを防ぐため，食品を取り扱う際は衛生的手洗いを目標にする。爪ブラシの不衛生な取り扱いは細菌の増殖を招き，二次汚染の原因となる場合がある。爪ブラシを使用する場合は，十分な数をそろえ，消毒を適宜行うなどの対策が必要となる。

［学習のポイント］◆◆◆

１．洗い残しの多い部分を確認し，自分の手洗いの癖を知る。

参考文献

樫尾一監修/矢野俊博・岸本満著『管理栄養士のための大量調理施設の衛生管理』幸書房，2005

実習・実験の心得

　実習・実験は，実際に体験して実証したことを通じて科学的な知識を得るために重要である。常に「なぜ」の探求心をもつことが大切であり，実習・実験を通して多くの発見をしてほしい。理論は書物などの情報から得ることができるが，さらに体験により多くの知識を身につけてほしい。

[心　得] ▶▶▶

▷ **実習・実験の内容の理解**
- 実習・実験を行う前に，目的をよく理解しておくこと。
- 実習・実験前の説明をよく聞くこと。

▷ **実習・実験の準備**
- 実習にふさわしい，動きやすい服装であること。
- 実習着（白衣），頭巾を着用し，シューズに履き替える。
- ハンドタオルは毎回持参すること。
- 時計，指輪，ピアス等ははずすこと。
- 長いつめは切り，マニキュアは禁止する。化粧も可能な限り避ける。
- 髪は長い場合はまとめること。
- 手洗いはしっかり行い，清潔であること。

▷ **実習・実験台の整理**
- 実習・実験台の上は常に清潔にすること。
- 実習・実験台は不要なものは置かず，器具は使ったらすぐに洗い，整理整頓に留意すること。

▷ **実習・実験の注意**
- けが，火災，薬品等に対し細心の注意を払うこと。事故（けが）はすぐに報告すること。
- やけどはすぐに流水や氷水で十分に冷やし，痛みが取れてから薬をつけること。
- ガラス器具はていねいに扱う。破損した場合はすぐに報告すること。
- 実習中の私語は慎む。携帯電話はしまうこと。
- 実習・実験は正確に行い，記録，観察，気付いた点もメモを残す習慣をつける。
- ゴミ，試薬の分別は指示に従うこと。

▷ **試薬の取り扱い**
- 薬品によっては，皮膚に炎症を起こしたり，衣服に穴をあけたりすることがあるので，飛沫も含めて取り扱いには十分に注意すること。
- 万が一，試薬が目に入った場合は，すぐに十分な量の流水で目をすすぎ，報告すること。

206 第3部 実験その他

▶ 後始末

- 実習・実験を終えた後は，使用した器具をきれいに洗い，所定の位置に片付けること。
- 実習・実験台の上はきれいに拭き，シンクの中も拭くこと。

[実習・実験を行う前の知識]：単位 ◆◆◆

重量パーセント濃度（W%）：溶液100g中に含まれる溶質の量をg数で示した濃度

容量パーセント濃度（V%）：溶液100mL中に含まれる溶質の量をmL数で示した濃度

重量：1000μg＝1mg＝0.001g，1000mg＝1g＝0.001kg

体積：1000μL＝1mL＝0.001L，1000mL＝1L

比重：水1mL＝1g

温度：℃（摂氏，セルシウス温度）＝（℃×9÷5＋32）℉（華氏，ファーレンハイト温度）

0℃＝32℉，20℃＝68℉，30℃＝86℉，37.8℃＝100℉

1カップ＝200mL

大さじ＝15mL，小さじ＝5mL

1ポンド（lb，453.592g）＝16オンス（oz，1オンス＝28.35g）

1斤（きん）（600g）/パン1斤（340g以上）＝16両（りょう）（37.5g）＝160匁（もんめ）（3.75g）

1斗（と）（18L）＝10升（しょう）（1.8L）＝100合（ごう）（180mL）

レポートのまとめ方

　レポートは，与えられた課題に対し実行した結果を整理して検討したことをまとめて報告し提出することで実習・実験を終了とする。内容は簡潔にまとめ，原則として過去形で記す。考察は自分の意見も含め，文献などで調べたこともまとめる。

[レポートの書き方] ◆◆◆

　レポート用紙はＡ４を用い，上部２カ所をホチキスで止めること。

▷ **表紙に記入する事柄**

⑴　実習のテーマ名

⑵　実習した年月日，実習時の天気，室温，湿度

⑶　クラス，班，学籍番号，氏名

▷ **本文（２枚目以降）に記入する事柄**

⑴　目的：テーマに関して，どのようなことを知るために何を試作または実験し，何を測定したかを明確に書く。

⑵　原理：実習・実験における基本原理を理解し，作用，反応などを記述する。

⑶　方法：別の人がその実習・実験を実施するために必要なすべての情報を記載する。

　　a．試料

　　　生鮮品の場合：品種，産地，購入場所，価格など

　　　加工品の場合：製品名，製造元，製造年月日，製造番号，価格など

　　b．試薬

　　　試薬名，化学式，分子量，純度やグレード，製造会社名，製品番号，製造番号など

　　c．器具

　　　器具名

　　d．測定機器

　　　機器名，仕様，製造会社名，型番

　　e．測定条件

　　　使用した条件，使用方法など

　　f．操作手順

　　　自身が実施したことをそのまま簡潔に記載する。

⑷　結果：実験で得られた測定値，観察結果など客観的事実のみを記載する。測定値は表やグラフに分かりやすくまとめる。観察結果や仕上がり状態の図や写真添付もよい。データの解析に計算が必要な場合は計算式も書き，計算結果は有効数字で示すこと。

⑸　考察：実験結果を通じて，それぞれの結果がどうしてそうなったのかを考えて書く。このとき教科書や関連参考書，実験書を読み，関連箇所を引用するとよい。条

件の違いによって差異が生じたのはなぜか。測定結果が予測や教科書などと異なるのはなぜか。実習後に新たに生じた疑問などを，主観的な感想ではなく，実験事実から生じた事柄に基づいて記載する。

(6) 参考文献・参考図書：著者名(全員)，本の題名(文献名)，出版社，出版年，ページ番号（最初—最後）を記載する。インターネットからの引用は URL を記載する（個人のブログの引用は認めない）。

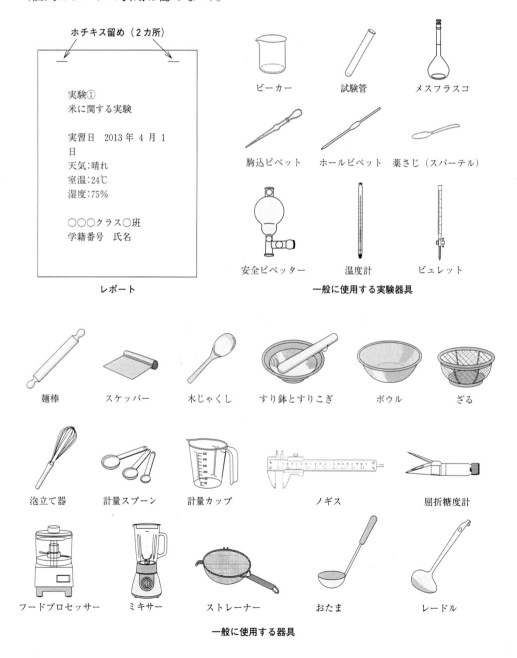

索　　引

あ

アイスクリーム ……………109, 112
──類 ……………………109, 112
アイスミルク ………………112
アガロース …………………128
アガロペクチン ……………128
アクチン ……………………121
アクトミオシン ……………121
アクリルアミド ……………26
浅漬け ………………………81
足 ……………………………121
味付け缶詰 …………………118
あずき ………………………63
アスコルビン酸 ……………179
アスパルテーム ……………183
アセプティック……………31
アミノ・カルボニル反応 ……26,
　　47, 135, 189, 190, 191
アミラーゼ …………44, 46, 133
アミロース …………139, 174
──のらせん構造 …………169
アミロペクチン ……139, 174
──の構造 …………………169
荒　粉 ………………………69
アレルギー表示……………32
あ　ん ………………………63
アントシアニン……………79

い

いかの塩辛 …………………129
異性化糖 ……………………183
遺伝子組換え表示……………36

う

ウインナー……………………97
牛トレーサビリティ法 ………34
ウスターソース類 ……………140
うどん…………………………54
うるち米 ………………166, 169

え

エイコサペンタエン酸（EPA）120
衛生的手洗い ………………203
栄養機能食品………………39
栄養強調表示………………41

栄養表示基準………………33
液燻法………………………17
えのきたけ…………………85
エマルション ………66, 105
──食品 ………………66, 116
塩　蔵 ………………9, 129
塩溶性たんぱく質 …………121

お

オーバーラン ………109, 111
おから ………………………146
オゾン殺菌…………………15
オゾン水……………………15
温燻法………………………17
温度計法……………………91

か

加圧加熱殺菌………………13
カード ………………………117
顔尺度………………………201
化学的加工法 ………………2, 3
化学的殺菌…………………15
カクトゥギ系………………83
──漬物……………………83
果実缶詰……………………94
果実の香味成分 ……………158
ガス置換……………………31
──剤………………………16
ガス滅菌……………………15
カゼイン ……………………192
カダベリン…………………21
褐　変 ………………70, 153
──反応……………………189
加熱乾燥……………………9
加熱殺菌……………………12
カラギーナン………………68
カラメル……………………26
かりんとう …………………145
乾　燥 ………………………8
──速度曲線 ………………8
缶　詰 ………………94, 180
寒　天 ………………64, 128
官能評価……………………198
かん水………………………55
乾麩量………………………170
甘味料………………………182

き

期限表示……………………35
──設定のガイドライン……20
キサンタンガム……………68
生地（ドウ）………………47
キシリトール ………………183
きな粉あめ …………………156
機能性表示食品……………40
キモシン……………………108
逆浸透膜ろ過………………15
キャラメル …………………153
キャンディー ………………152
牛　乳 ………………………192
凝固剤………………………67

く

屈折計法……………………91
グミキャンディー …………154
グラッセ……………………79
グリアジン………………45, 170
クリームチーズ ……107, 108
グリシニン…………………58
クリスタル…………………79
グリチルリチン ……………183
グルコース…………………182
グルコノデルタラクトン……58
グルコマンナン……………67
グルテニン………………47, 170
グルテン ……47, 144, 170
クロロフィル ………………187
──の構造 …………………188
──の変化 …………………188
クロロプロパノール………27
燻　煙 ………………17, 99
──材………………………100
燻　製 ………………………163

け

景品表示法…………………35
ケーシング…………………99
結合水 ………………………6, 7
ゲル化剤の比較……………65
限外ろ過……………………15
原形質分離…………………76
健康増進法…………………32

ケンドールの一致性の係数 …200
玄　米 …168
原料原産地名 …37

こ

高圧蒸気殺菌 …13
好気性菌 …24
抗酸化作用 …73
麹 …44
麹菌（*Aspergillus oryzae*）
　　…44, 135
コーティング …30
高メトキシペクチン …87
凍り豆腐 …60
コールドチェーン …12
コップテスト …88, 91
小麦粉 …173
米　粉 …142, 143
米トレーサビリティ法 …34
米の鮮度 …167
米みそ …133
混成酒 …158

さ

最大氷結晶生成帯 …12
採点法 …201
魚缶詰 …118
サッカリン …183
殺　菌 …12
殺菌乳酸菌飲料 …114
砂　糖
　　――漬け …79
　　――の加熱 …153
　　――の加熱変化 …156
　　――の種類 …184
酸化防止剤 …18, 19
酸貯蔵 …10
酸なし飲料 …115
酸　敗 …20

し

しいたけ …86
塩押しだいこん …81
塩　漬 …99
紫外線殺菌 …14
直捏法 …52
嗜好意欲尺度 …201
嗜好尺度 …201
自己消化 …129
自然喚気乾燥法 …9
実習・実験の心得 …205
湿麩量 …170

尺度法 …201
ジャム類 …87
自由水 …6, 7
重量パーセント濃度 …206
酒税法 …160
順位法 …200
上新粉 …142
醸造酒 …158
消費期限 …35
消費者庁 …32
商品開発 …198
消泡剤 …58
賞味期限 …36
しょうゆ漬け …76
蒸留酒 …158
食品衛生法 …32
食品加工の目的 …2
食品添加物 …17
食品の期限表示設定のガイドライン …20
食品の表示 …32
食品表示基準 …35
食品表示法 …32
食品包装 …28
ショ糖 …150
　　――の構造 …151
白玉粉 …142
真空乾燥 …9
真空凍結乾燥法 …9
ジンゲロール …80

す

水中油滴型（O/W型） …131
水分活性 …6, 7, 125, 126, 161
　　――値 …22
スクラロース …183
スクロース …182
スチューデント化された範囲q …201
酢漬け …78
ステビオシド …183
ストレッカー分解 …47, 189, 190
スパゲッティ …57
スピアマンの順位相関係数 …200
スプーンテスト …88, 91
スフレチーズケーキ …148
すまし …58
スモークチキン …102
坐　り …122, 124

せ

精粉 …67

精　白 …168
　　――米 …168
生物的加工法 …2, 5
精密ろ過 …15
製　麦 …159
赤外線加熱 …13
ゼラチン …154
セロファン …29

そ

ソーセージ …97
ソフトクリーム …111
ソラニン …70
ソルビトール …183

た

多水分食品 …8
脱アミノ酸反応 …21
脱酸素剤 …16, 31
脱脂粉乳 …192
脱炭酸反応 …21
立塩法 …9
タフィー …152
単　位 …206

ち

チーズ …107
チャーニング …105, 106
中華めん …55
中間水分食品 …8
超高温瞬間殺菌 …13
チルド …11
チロシナーゼ …70

つ

通性嫌気性菌 …24

て

低温殺菌 …12
低温貯蔵 …11
低水分食品 …8
低メトキシペクチン …87
デキストリン …46
デュラム小麦 …56
転化糖 …151
添加物表示 …37
転　相 …66
天日乾燥 …9
天日干し …125

と

ド　ウ …47, 170

糖　化·················46, 159
唐菓子·····················145
凍結貯蔵···················11
搗　精·····················169
搗精度·····················166
糖　蔵·····················10
等電点沈殿·················192
糖の誘導体·················184
豆　腐·····················58
特定保健用食品·············38
特別用途食品···············40
ドコサヘキサエン酸（DHA）···120
塗装缶·····················95
とび粉·····················69
トマトケチャップ···········72
トマトソース···············71
トマトピューレー···········72
ドメスチックソーセージ·····97
共押し出···················30
ドライイースト·············53
トリプシンインヒビター·····62
トンチミー系···············83
　──漬物···················84

な

中種法·····················52
納豆菌（*Bacillus subtilis*）···61
生揚げ·····················60
なめたけ···················85
ナリンギン·················92

に

にがり·····················58
二重巻締···············120, 180
　──缶·····················180
ニトロソ化合物·············26
ニトロソミオグロビン·······186
日本農林規格（JAS）·········71
乳　化···········116, 117, 131, 196
乳固形分···················109
乳酸菌飲料·················115
乳酸発酵···················113
乳清たんぱく質·············192

ぬ

ぬか漬け···················81

ね

熱燻法·····················17
熱風乾燥法·················9

の

ノギス·····················195

は

パーシャルフリージング·····11
バーミセリ·················57
ハイドロコロイド···········154
バター·····················105
発酵調味料·················138
発酵乳·····················113
発酵パン···················52
発色剤·····················99
バニラ·····················111

ひ

ピーナッツ·················152
　──クリーム···············66
微好気性菌·················24
ビスケット·················144
ヒスタミン·················21
被膜乾燥法·················9
日持向上剤·················17
干　物·····················125
氷温貯蔵···················11
評点法·····················201
品質評価···················176
ビン詰·····················77
　──食品···················94

ふ

フェオフォルバイド·······25, 188
物理的加工法··············2, 4
腐　敗·····················20
フランクフルト·············97
フリーズフロー·············11
ふりかけ···················161
ブリキ缶···················95
フルクトース···············182
プレザーブスタイル·········87
フレッシュチーズ···········108
プロテアーゼ··············44, 133
プロトペクチン·············87
プロファイル法·············201
分散分析···················201
分別生産流通管理···········36
噴霧乾燥法·················9

へ

ベイクドチーズケーキ·······148
ベーキングパウダー·········143
ベーコン···················100

ペクチン················87, 92
ペチュキムチ系·············83
　──漬物···················83
ヘマグルチニン·············62
ヘム色素···················186
偏性嫌気性菌···············24
ベンゾピレン···············26
変　敗·····················20

ほ

ホイロ··················49, 50
膨化剤·····················143
放射線殺菌·················14
包装素材···················29
膨張剤·····················157
保健機能食品···············38
干しだいこん···············81
保存性·····················162
保存料·····················17
ホットパック···············89
ボツリヌス菌···············119
ポリグルタミン·············61
ポリフェノールオキシダーゼ···178
ポルフィリン骨格···········185
ホルムアルデヒドガス·······15
ボロニア···················97
本みりん···················138

ま

マーマレード············87, 92
マイクロ波加熱·············13
マカロニ···················57
撒塩法·····················9
マルチトール···············183
マルトース·················183
まんじゅう·················157

み

ミオシン···················121
ミクロメーター·············174
みりん風調味料·············138

む

無塩可溶性固形分···········71
無発酵パン·················52

め

メイラード反応···26, 135, 189, 190
メラニン···················178
メラノイジン············26, 190

も

もち米 ······················166
戻 り ······················124

や

焼肉のたれ ··················132
焼 豚 ······················104
ヤンニョム··················83

ゆ

湯 煮 ······················99

よ

ようかん····················64
ヨウ素でんぷん反応 ········169
容量パーセント濃度 ········206
ヨーグルト ···········113,115
予 冷 ······················11

ら

ラクトアイス ···············112
ラクトース ················183
ラジカル····················25

落花生····················66
ラミネート··················30

り

リーンなパン··············52
リコペン ··············71,73
リッチなパン··············52
リポキシゲナーゼ··········59

れ

レアチーズケーキ ·········148
冷却貯蔵··················11
冷燻法····················17
冷殺菌····················12
レシチン··············66,116
レトルト ············13,31
レポートの書き方 ·········207
レモンカード ············117
レンチオニン·············86
レンネット ·········107,108

ろ

ローストチキン ··········103
ろ過除菌··················15

わ

ワーキング ··········105,106

数 字

1：2 点比較法 ············199
2 点比較法 ···············199
3 点比較法 ···············199

欧 文

CA 貯蔵 ··················16
DHA ·····················120
EPA ·····················120
JAS 法 ···················32
JAS マーク ···············120
MA 貯蔵···················16
MR・BTB 混合試薬 ·······167
Newell & MacFarlane の検定表を
　用いる検定 ············200
NMG 試薬 ················166
TFS（tin free steel）·······29

よくわかる食品加工学
―理論・実習・実験―　　　　　　　　　　　定価はカバーに表示

2024 年 10 月 1 日　初版第 1 刷
2025 年 3 月 25 日　　　第 2 刷

編著者　谷　口　亜　樹　子

発行者　朝　倉　誠　造

発行所　株式会社　朝　倉　書　店

東京都新宿区新小川町6-29
郵便番号　162-8707
電　話　03 (3260) 0141
ＦＡＸ　03 (3260) 0180
https://www.asakura.co.jp

〈検印省略〉

© 2024 〈無断複写・転載を禁ず〉　　デジタルパブリッシングサービス

ISBN 978-4-254-61113-7　C 3077　　　Printed in Japan

JCOPY ＜出版者著作権管理機構 委託出版物＞

本書の無断複写は著作権法上での例外を除き禁じられています．複写される場合は，
そのつど事前に，出版者著作権管理機構（電話 03-5244-5088，FAX 03-5244-5089，
e-mail: info@jcopy.or.jp）の許諾を得てください．

コンパクト 食品学 —総論・各論—

青木 正・齋藤 文也 (編著)

B5判／244ページ　ISBN：978-4-254-61057-4　C3077　定価3,960円（本体3,600円＋税）

管理栄養士国試ガイドラインおよび食品標準成分表の内容に準拠。食品学の総論と各論の重点をこれ一冊で解説。〔内容〕人間と食品／食品の分類／食品の成分／食品の物性／食品の官能検査／食品の機能性／食品材料と特性／食品表示基準／他

テキスト食物と栄養科学シリーズ5 調理学 第2版

渕上 倫子 (編著)

B5判／180ページ　ISBN：978-4-254-61650-7　C3377　定価3,080円（本体2,800円＋税）

基礎を押さえてわかりやすいロングセラー教科書の最新改訂版。〔内容〕食事計画論／食物の嗜好性とその評価／加熱・非加熱調理操作と調理器具／食品の調理特性／成分抽出素材の調理特性／嗜好飲料／これからの調理，食生活の行方／他

スタンダード人間栄養学 食品の安全性 (第2版)

上田 成子 (編) ／桑原 祥浩・鎌田 洋一・澤井 淳・高鳥 浩介・高橋 淳子・高橋 正弘 (著)

B5判／168ページ　ISBN：978-4-254-61063-5　C3077　定価2,640円（本体2,400円＋税）

食品の安全性に関する最新の情報を記載し，図表を多用して解説。管理栄養士国家試験ガイドライン準拠〔内容〕食品衛生と法規／食中毒／食品による感染症・寄生虫症／食品の変質／食品中の汚染物質／食品添加物／食品衛生管理／資料

テキスト食物と栄養科学シリーズ4 食品加工・安全・衛生

大鶴 勝 (編)

B5判／176ページ　ISBN：978-4-254-61644-6　C3377　定価3,080円（本体2,800円＋税）

〔内容〕食品の規格／食料生産と栄養／食品流通・保存と栄養／食品衛生行政と法規／食中毒／食品による感染症・寄生虫症／食品中の汚染物質／食品の変質／食品添加物／食品の器具と容器包装／食品衛生管理／新しい食品の安全性問題／他

生食のはなし —リスクを知って，おいしく食べる—

川本 伸一 (編集代表) ／朝倉 宏・稲津 康弘・畑江 敬子・山﨑 浩司 (編)

A5判／160ページ　ISBN：978-4-254-43130-8　C3060　定価2,970円（本体2,700円＋税）

肉や魚などを加熱せずに食べる「生食」の文化や注意点をわかりやすく解説。調理現場や家庭で活用しやすいよう食材別に章立てし，実際の食中毒事例をまじえつつ危険性や対策を紹介。〔内容〕食文化の中の生食／肉類／魚介類／野菜・果実

災害食の事典

一般社団法人 日本災害食学会 (監修)

A5判／312ページ　ISBN：978-4-254-61066-6　C3577　定価7,150円（本体6,500円＋税）

災害に備えた食品の備蓄や利用，栄養等に関する知見を幅広い観点から解説。供給・支援体制の整備，事例に基づく効果的な品目選定，高齢者など要配慮者への対応など，国・自治体・個人の各主体が平時に確認しておきたいテーマを網羅。

上記価格は2025年2月現在